미분적분학

김동건 지음

敎友社

머리말 P/R/E/F/A/C/E

이 책은 미분과 적분을 중점적으로 다룬 한 학기 분량의 교양수학 교재이다. 미분과 적분을 공부하기 위한 사전지식으로 집합과 여러 가지 함수에 대해 먼저 설명해 놓았다. 정적분을 이용한 응용을 간단히 더했으나 미분에 대한 응용은 이 책에서 빠졌다. 미분법의 응용으로써 주어진 함수의 그래프를 그린다거나 근사 값을 계산하는 것 등이 포함될 수 있었지만, 한 학기 분량으로써 적당하지 않다고 판단하여 이번에는 미분의 응용을 제외했다.

그리고 가능한 한 많은 예제를 통해 다양한 문제유형의 풀이를 제공하였으며, 난이도가 낮은 문제에서부터 중간정도의 난이도 문제까지를 이 책에서 다루었다. 그러나 높은 난이도의 문제나 복잡하게 응용된 문제를 다루지는 않았다. 그래서 이 책은 1학년 이공계열 학생들이 전공에 입문하기 전 반드시 공부해야 하는 기초적인 수학지식을 담고 있다. 또한 경상계열 학생들에게도 재무관리나 회계학, 그리고 통계학을 공부하는 데 필수적인 수학 관련 지식을 이 책에서 얻게 될 것이다.

제1장은 집합, 제2장은 함수의 개념과 여러 가지 함수들을 소개하였고, 제3장에서는 미분법을 다루고 있다. 마지막 장을 제외한 나머지 장에서는 적분에 관한 내용들을 소개하고 있다. 이 책의 마지막 장에서 다변수함수에 대한 편미분법을 간단히 설명해 놓았다.

그래서 다변수함수의 편미분을 일변수함수의 미분법(제3장)을 배운 후에 바로 공부해도 무방할 것이다. 그렇게 하면 미분에 대한 감각이 중단되지 않고 다변수함수의 미분법까지 연결되어 효과적으로 미분에 대한 지식을 습득할 수 있을 것이다. 그러나 한편 적분의 응용 이후에 편미분법을 공부하여도 괜찮을 것이다. 마지막에 다시 한 번 미분법에 대한 연습을 공부함으로써 머릿속에 미분법에 대한 지식을 공고히 다지는 효과를 기대할 수 있기 때문이다.

마지막으로 이 책을 통해 학생 여러분들의 창의성이 계발되고 뛰어난 학습효과가 나타나는 성과를 기대해본다. 물론 수학 자체가 주는 학문적 의미와 나름대로의 기쁨이 있지만, 각 개인에 따라 수학이란 학문이 주는 다양한 열매들을 경험하면서 단지 수학이 어렵고 재미없다는 편견이 사라지는 계기가 되길 아울러 기대한다.

부족한 부분은 계속 수정 보완해 나갈 것이며, 더 많은 연습문제를 개발하여 다양한 문제를 통해 학생들의 응용 능력이 증진될 수 있도록 노력해 나갈 것이다.

끝으로 이 책이 발간될 수 있도록 수고해주신 교우사 편집부와 사장님을 비롯한 모든 직원 여러분들께 감사의 말씀을 드린다.

2012년 7월

지은이

차례 C/O/N/T/E/N/T/S

Chapter 01 집합과 함수

1.1 집합의 기본적 개념들

아마도 모든 지식을 필요로 하는 기술들의 대부분의 기초는 분류하는 과정이며 비슷한 것들을 그룹으로 나누는 데 있다. 수학이 추상적인 학문이기 때문에, 즉 수학이 다양한 상황 속에서 비슷한 형식들을 기술하고 찾는 학문이므로 범주들을 기술하고 형식화하는 과정은 모든 수학의 기본이다. 집합론은 수학자들이 이러한 목적을 위해 사용하는 도구이다.

집합은 잘 정의된 사물들의 모임이다. 원소(구성원)는 이러한 사물들의 하나를 말한다. 집합의 원소는 집합의 구성원 또는 집합에 속해 있다고 말한다.

1.1.1 집합과 집합에 사용되는 기호

예제 1-1

다음은 집합의 전형적인 예들이다.

(ㄱ) 양의 정수인 짝수들

(ㄴ) 한글의 자음들

(ㄷ) 방정식 의 해 $x^2-6x+5=0$

(ㄹ) 경기도에 속해 있는 도시들

주의 집합을 정의하는 데 두 가지 중요한 방법들이 있다. 집합에 속해 있는 모든 원소들을 나열하는 원소나열법과 원소들이 공통적으로 가지고 있는 성질들을 진술하는 조건제시법이 있다. 중괄호 {와} 은 집합을 표현하는 기호로써 처음과 끝에 표시한다. 조건 제시법에 사용되는 기호 '|' 다음에 나오는 진술은 집합을 구성하는 원소들의 구체적인 범위나 성질 등을 표현하는 부분이다. 영어의

대문자 알파벳은 일반적으로 집합을 표시하는 데 사용되며, 알파벳 소문자는 집합의 원소를 표시하는 데 사용된다. 그리스 문자 '$\in$'는 원소가 집합에 속해 있는지를 표시하는 기호이다. 즉 만일 x가 집합 A의 원소라면, 기호 $x\in A$로 표시한다. 그래서 $\{x\in N \mid x>6\}$은 6보다 큰 자연수를 원소들로 갖는 집합을 의미한다. 만일 x가 집합 A에 원소가 아니라면, 기호 $x\not\in A$라고 표시한다.

■

예제 1-2

예제 1의 집합들을 두 가지 형식으로 표현할 수 있다.

풀이

원소나열법	조건제시법
(ㄱ) $\{2, 4, 6, 8, \cdots\}$	$\{x \mid x$는 양의 정수인 짝수$\}$
(ㄴ) {ㄱ, ㄴ, ㄷ, ㄹ,…,ㅎ}	$\{x \mid x$는 한글 자음에 속하는 문자$\}$
(ㄷ) $\{1, 5\}$	$\{x \mid x^2-6x+5=0\}$
(ㄹ) {용인시, 평택시, 성남시, …}	$\{x \mid x$는 경기도에 속한 도시들$\}$

■

예제 2의 (ㄱ), (ㄴ), 그리고 (ㄹ)에서 표시된 '…'은 같은 형식으로 계속 나타난다는 것을 의미한다. 예제 2의 (ㄱ)은 같은 형식의 수가 끝없이 계속해서 나타나는 것을 의미한다. 또한 조건제시법은 시작하는 곳에 변수로 표현되는 알파벳 소문자를 사용해야 한다. 매우 큰 집합을 표현하는 경우에 조건제시법이 원소나열법보다 더 간단하게 표현할 수 있을 것이다.

수학을 공부하는 데 있어서 가장 중요한 수의 체계를 소개하겠다.

$\mathbb{N}=\{1, 2, 3, 4, \cdots\}$: 자연수 또는 양의 정수들의 집합

$\mathbb{Z}=\{\cdots, -3, -2, -1, 0, 1, 2, 3, \cdots\}$: 정수들의 집합

$\mathbb{R}=\{x \mid -\infty < x < \infty\}$: 실수들의 집합

$\mathbb{Z}_n=\{0, 1, 2, \cdots, n-1\}$: integers mod n

$\mathbb{Q}=\{\frac{a}{b} \mid a, b\in\mathbb{Z}, b\neq 0\}$: 유리수들의 집합

$\mathrm{I}=\{r\in\mathbb{R} \mid r\not\in \frac{a}{b}, a, b\in\mathbb{Z}, b\neq 0\}$: 무리수들의 집합

자연수들은 이산형 모델의 기초가 되는 수의 체계이다. 마찬가지로 이산 수학은 자연수 체계에 기초를 둔 모델들을 연구하므로 특성화 될 수 있다. 실수들은 비록 이산 수학에 응용되고 있지만 대부분의 연속형 모델이나 미적분학에 기초가 된다.

예제 1-3

집합 기호를 이용해서 7보다 큰 모든 자연수들의 집합을 나타내시오.

풀이 조건제시법으로 나타내면 $\{ n \in \mathbb{N} \mid n > 7\}$이다.

우리가 관심을 가지고 있는 모든 집합이 수의 집합($\mathbb{N}$, $\mathbb{Z}$, $\mathbb{Q}$, I, $\mathbb{R}$)만이 아니다. 다음에서 수와 관련이 없는 집합들에 관해 소개하겠다.

예를 들어, Σ는 알파벳 문자들의 집합이라고 하는데, 즉 $\Sigma=\{a, b, c\}$라고 쓸 수 있다. 이 경우에 Σ를 알파벳(alphabet)이라고 부른다. 만일 Σ에 속한 문자들이 연결된 것이라면, 즉 문자들을 나열할 때 상호간에 바로 옆에 써 넣는 경우, 나열된 결과를 단어 또는 문자열이라고 부른다. 알파벳 Σ로부터 만들어질 수 있는 모든 단어들의 집합을 Σ^*로 표시하겠다.

예제 1-4

$\Sigma=\{0, 1\}$. Σ에서 문자들을 가지며 길이가 3이하인 모든 문자열들의 집합 S_3를 구하시오.

풀이 원소나열법으로 나타내면,

$S_3=\{0, 1, 00, 01, 10, 11, 000, 001, 010, 011, 100, 101, 110, 111\}$.

조건제시법으로 나타내면 다음과 같다.

$S_3=\{ w \in \Sigma^* \mid w \in \Sigma$, w의 길이가 3이하$\}$

1.1.2 집합들 간의 관계

집합은 단지 원소들을 나열하는 방법 그 이상의 정보를 준다. 집합은 그 위에서 다양한 연산을 수행하며 이러한 나열들을 비교하는 여러 가지 도구들을 준다. 이 단락의 나머지 부분에서는 이러한 도구들을 다루게 될 것이다.

「만일 두 집합이 같은 원소들을 가진다면, 이들 집합들은 서로 같다.」

예제 1-5

A={1, 2, 3} 이고 B={1, 2, 3, 1}. 두 집합 A와 B는 같은가?

풀이 그렇다. 두 집합 A와 B는 같은 원소들을 가진다. 사실 집합 B는 올바르게 표현한 것이 아니다. 집합 B를 올바르게 표현하려면, 반복되는 원소를 한번만 집합에 포함시켜야 한다.

한 집합의 모든 원소들이 다른 집합의 또한 원소일 수가 있다. 예를 들어, 만일

$$A=\{1,\ 2,\ 3,\ 4,\ 5,\ 6\}$$

이고

$$B=\{2,\ 3,\ 4,\ 5\}$$

라면, 그때 "A는 B를 포함한다."라고 말한다.

위에서 설명한 예에 대해 자세히 정리하면 다음과 같다.

(1) 만일 집합 B의 모든 원소가 또한 집합 A의 원소이면, B는 A의 부분집합이라고 말하며 기호로 $B\subset A$ 또는 $A\supset B$로 표시한다.

(2) 기호 $A\not\subset B$는 "A가 B의 부분집합이 아니다"를 의미한다. 만일 A가 B의 부분집합이라면, B는 A의 상위집합이라고 말한다.

(3) 만일 집합의 원소들이나 집합들의 모임이 어떤 공통집합으로부터 모두 선택된 것이라면, 이 공통집합을 전체집합이라고 말한다.

예제 1-6

$\mathbb{N} \subset \mathbb{Z} \subset \mathbb{Q} \subset \mathbb{R}$. $\mathbb{N}$, $\mathbb{Z}$, $\mathbb{Q}$가 전체집합인 $\mathbb{R}$로부터 선택되었다고 볼 수 있다.

■

예제 1-7

예제 4에서 정의되었던 Σ^*을 사용하겠다. 만일 S_3={w∈ Σ^* | w의 길이가 n이하}이면, 그때

$$S_1 \subset S_2 \subset S_3 \subset \cdots$$

■

기호 ∈와 ⊂ 사이의 차이를 조심스럽게 정리해보겠다. 예를 들어, 만일 A={1, 2, 3, 4, 5}이면, 집합 {1, 2}는 집합 A에 포함되며, 기호 {1, 2}⊂A로 표시한다. 그러나 원소 1은 집합 A에 속한다고 말한다. 기호 1∈A로 표시한다. 또한 {1}은 원소 '1'을 포함한 집합이며, 정확히 한 개의 원소 '1' 을 가진 집합을 의미한다. 그래서 {1}⊂A 이지만 1∈A이다. 그러므로 {1}은 집합 A의 원소가 아니다.

집합 B가 집합 A의 부분집합이지만 집합 A와 같지 않을 때, 집합 B는 집합 A의 진부분집합이라고 말한다. 즉 B⊊A이다.

예제 1-8

A={ x∈ℕ | x+5=10} 이고 B={ x∈ℕ | x−5=0}이라고 하자. 그때 A는 B의 부분집합이다. 왜냐하면 A의 모든 원소들(즉 원소 5)이 B의 원소가 되기 때문이다. 그러나 A=B이므로 A는 B의 진부분집합이 아니다. 또한 B는 A의 부분집합이지만 진부분집합은 아니다.

■

A=B는 A⊂B인 동시에 B⊂A가 되는 것으로 정의된다.

집합을 그림으로 표현하는 방법으로서 벤 다이어그램(Venn Diagram)이 있다.

예를 들어, 전체집합 U와 U의 부분집합 A, B를 표현하기 위해 아래 그림에서와 같이 도형으로 표현하는 것이다.

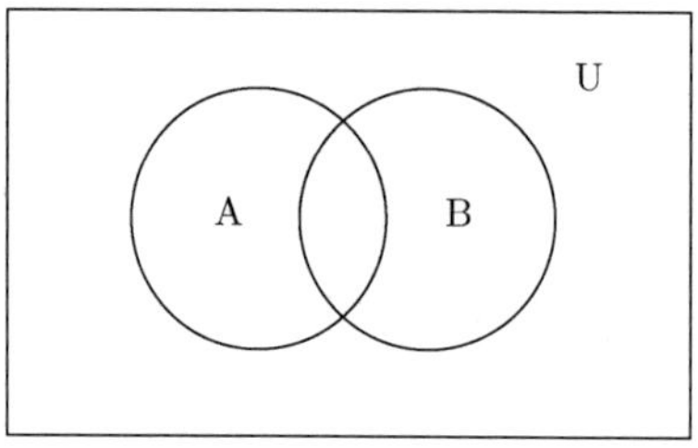

두 개의 집합을 표현하는 벤 다이어그램

A가 B의 부분집합이 아니고 B도 A의 부분집합이 아니라는 가정을 할 수 있다. 그러면 두 집합의 공통부분에 약간의 원소가 있게 되고 두 집합 밖에도 원소들이 있게 된다. 이러한 진술들 가운데 어떤 것이 사실인지 모를 때, 위의 그림처럼 벤다이어그램으로 알 수 있게 된다. 그러나 그림의 어떤 부분은 원소를 가지고 있지 않을 수도 있을 것이다. 만일 우리가 두 집합 A, B사이의 어떤 관계를 알고 있다면, 두 집합의 관계를 표현해주는 벤다이어그램을 그릴 수 있다.

예를 들어, 만일 A가 B의 진부분집합이라면 아래 그림과 같이 벤다이어그램을 그릴 수 있을 것이다.

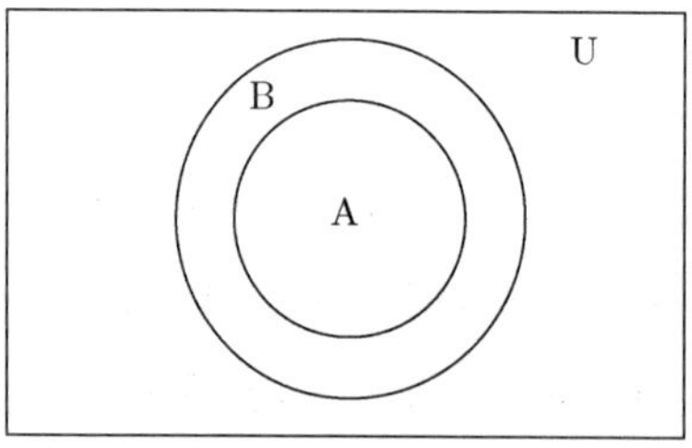

A는 B의 부분집합이다.

1.1.3 집합 연산

A와 B가 각각 집합이라고 했을 때 두 집합의 합집합은 다음과 같다.

A와 B의 합집합 $A \cup B$는 $\{ x \mid x \in A$ 또는 $x \in B \}$로 정의되며, A와 B의 교집합 $A \cap B$는 $\{ x \mid x \in A$ 이고 $x \in B \}$로 정의된다.

예제 1-9

C={1, 2, 3}, D={4, 5}, E={5, 6, 7}이라고 하자. 그때

$$C \cup D=\{1, 2, 3, 4, 5\}.$$

또한

$$D \cup E=\{4, 5, 6, 7\}$$

이며

$$D \cap E=\{5\}.$$

풀이 다음 그림의 첫 번째 어두운 영역은 합집합을 표현 것이고, 두 번째 그림의 어두운 영역은 교집합을 나타낸 것이다.

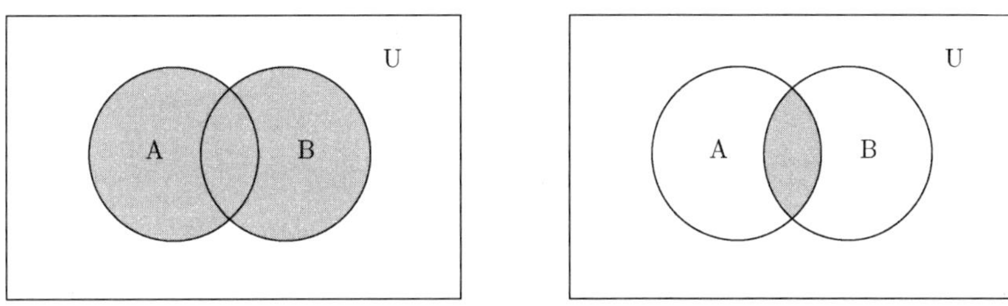

어두운 영역들은 각각 합집합과 교집합을 표현한 것이다.

집합에서 $\varnothing$은 집합 $\mathbb{Z}$에서 영 '0'에 해당한다. 만일 양을 측정할 때 정수를 생각한다면, 숫자 '0'은 양을 가지고 있지 않은 상태를 표현한 것이 된다. 마찬가지로 $\varnothing$은 원소를 가지고 있지 않은 집합이다. 이 집합을 공집합이라고 말한다. 이 공집합을 사용하면 편리하게 "$C \cap D$"의 표현도 가능하게 된다. 즉 집합 C 와 집합 D가 공통원소를 가지고 있지 않는다 하더라도 $C \cap D$를 사용할 수 있다.

두 집합 A와 B의 차를 기호로 A-B로 표시하고, $A-B=\{\ x \mid x \in A$이고 $x \notin B\}$을 의미한다. A-B는 차집합이라고 말한다.

예제 1-10

A={0, 1, 2, 3, 4}, B={1, 2}, C={3, 4, 5}라고 할 때

$$A-B=\{0, 3, 4\}$$

이고

$$A-C=\{0, 1, 2\}$$

이다.

풀이 C가 A의 부분집합이 아닌 경우에도 A-C는 여전히 의미를 가진다. 차집합 A-B의 벤 다이어그램은 아래 그림과 같다.

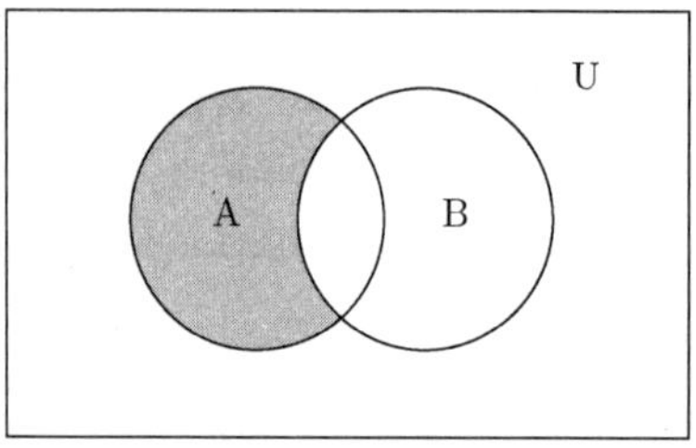

차집합 A-B

만일 두 집합의 교집합이 공집합일 때 두 집합이 서로 분리되었다고 말한다. 집합 S의 여집합(어떤 특정한 전체집합의 상대집합)은 S에 있지 않은 모든 원소들의 집합이며, 기호 S^c로 나타내겠다.

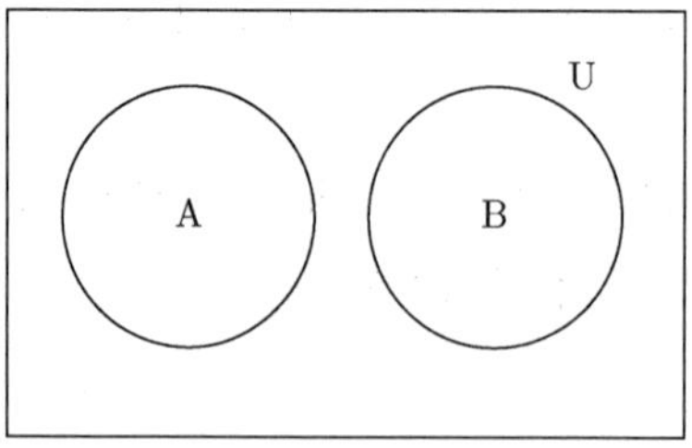

분리된 집합들

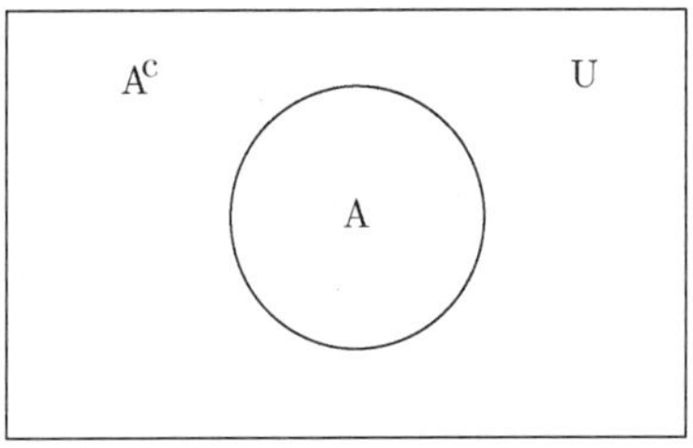

A와 A^c

예제 1-11

A={000, 001, 010, 011, 100, 101, 110, 111}, B={0, 1, 00, 01, 10, 11}이라 하자. 그때 A와 B는 서로 분리되었다. S_3의 상대집합으로서 B^c=A이다.

예제 1-12

$\mathbb{N}$과 $\mathbb{Z}$의 상대집합으로서 G={1, 2, 3, 4, 5}의 여집합 G^c을 찾아라.

풀이 N의 상대집합으로 $G^c=\{\, n \mid n \geq 6\}$이며, $\mathbb{Z}$의 상대집합으로

$$G^c=\{\cdots, -3, -2, -1, 0, 6, 7, 8, \cdots\}$$

이다.

집합은 때때로 다른 집합들을 원소로 가질 수 있다. 예를 들어, { {1, 2}, {2, 3} }은 두 집합{1, 2}와 {2, 3}로 이루어진 집합이다. 첫 번째는 방정식 $x^2-3x+2=0$의 해집합이며, 두 번째는 방정식 $x^2-5x+6=0$의 해집합이다.

주어진 집합 S의 모든 부분집합을 원소들로 가지는 집합을 S의 멱집합이라 하고, 기호로 $\wp(S)$로 표시한다.

예제 1-13

L={1, 2, 3}일 때 L의 멱집합 $\wp(L)$을 찾아라.

풀이 멱집합은 L의 모든 부분집합을 포함하는 집합이다. 그래서

$$\wp(L)=\{\varnothing, \{1\}, \{2\}, \{3\}, \{1, 2\}, \{1, 3\}, \{2, 3\}, \{1, 2, 3\}\}.$$

이와 같은 관점에서, 집합에 있는 원소의 개수에 의해 우리가 의미하는 것을 정식으로 정의하지 않았다. 그러나 직관적으로 예제 13을 통해서 L이 3개의 원소를 가지면, $\wp(L)$은 8개(2^3)의 원소들을 가진다는 것을 알게 되었다. 집합 L의 원소의 개수가 n 개이면, 멱집합 $\wp(L)$의 원소의 개수가 항상 2^n개가 된다.

다음은 집합 연산에 대한 중요한 성질들을 요약한 것이다.

집합들의 대수법칙들

Idempotent Law (멱등원의 법칙)	1.1 $A \cap A = A$	1.2 $A \cup A = A$
결합법칙	2.1 $(A \cap B) \cap C = A \cap (B \cap C)$	2.2 $(A \cup B) \cup C = A \cup (B \cup C)$
교환법칙	3.1 $A \cap B = B \cap A$	3.2 $A \cup B = B \cup A$
배분법칙	4.1 $A \cap (B \cup C) = (A \cap B) \cup (A \cap C)$	
	4.2 $A \cup (B \cap C) = (A \cup B) \cap (A \cup C)$	
항등법칙	5.1 $A \cap U = A$	5.2 $A \cup \varnothing = A$
	6.1 $A \cap \varnothing = \varnothing$	6.2 $A \cup U = U$
여수법칙	7.1 $A \cap A^c = \varnothing$	7.2 $A \cup A^c = U$
	8.1 $(A^c)^c = A$	8.2 $U^c = \varnothing$, $\varnothing^c = U$
드모르간의 법칙	9.1 $(A \cap B)^c = A^c \cup B^c$	9.2 $(A \cup B)^c = A^c \cap B^c$

벤 다이어그램은 이러한 성질들을 설명하며, 다른 관계들이 사실인지를 증명하는데 사용될 수 있다.

예제 1-14

벤 다이어그램을 위의 9.2 법칙에 적용하면,

$$A^c \cap B^c = (A \cup B)^c,$$

두 번째 드모르간의 법칙이 된다.

풀이 아래 그림을 참고하여라.

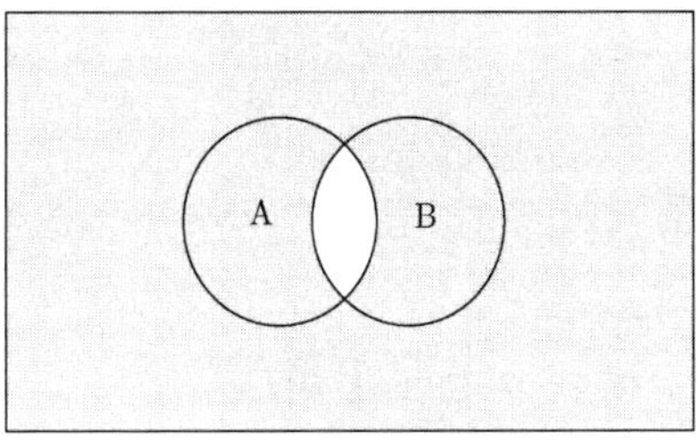

$(A \cap B)^C$

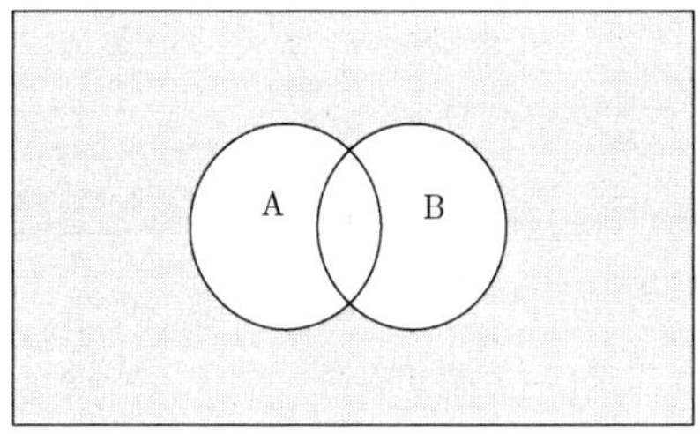

$(A \cup B)^C$

두 가지로 표현된 마름모 빗금 친 영역이 같다

예제 13)
(풀이)

예제 1-15

다음 식을 만족함을 보이기 위해 벤 다이어그램을 그려라.

$$(A \cap B) \cup C \neq (A \cup B) \cap C$$

풀이 아래 그림을 참고하여라.

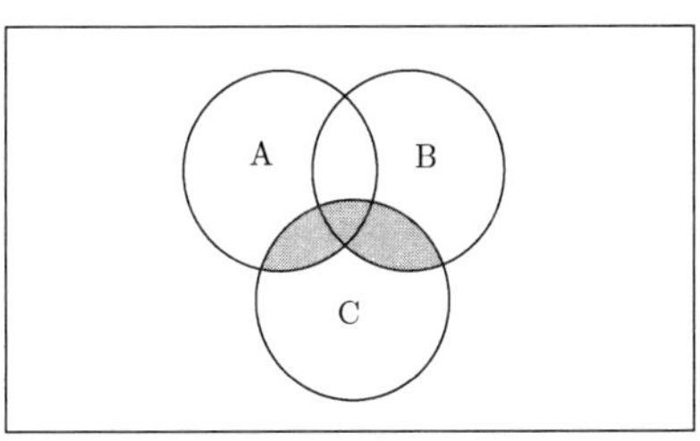

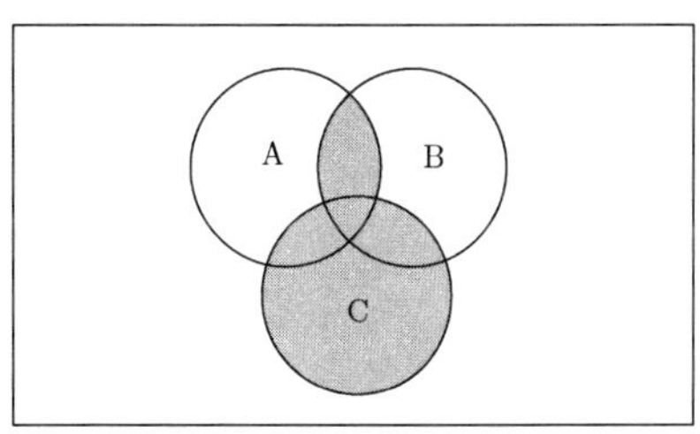

$(A \cup B) \cap C$은 왼쪽 그림이고, $(A \cap B) \cup C$은 오른쪽 그림이다.

위의 내용을 정리하면 다음과 같다.

(1) '집합'과 '원소'라는 단어는 수학적인 사고로 시작할 때 정의되지 않은 것들이다. 그러나 집합은 사물들의 모임으로 표현될 수 있으며 사물은 원소를 말한다.
(2) 집합을 표시하는 방법으로써 집합의 원소들을 나열하는 방법, 즉 원소나열법이 있으며 또한 집합 안에 칸막이 기호를 사용해서 원소들의 공통된 성질들을 설명하면서 나타내는, {변수 | 구성원들의 공통된 성질}, 조건제시법이 있다.
(3) 많이 사용되는 중요한 집합으로, 자연수 집합 $\mathbb{N}$, 정수들의 집합 $\mathbb{Z}$, 실수들의 집합 $\mathbb{R}$ 등이 있다.
(4) 어떤 집합의 원소들이 다른 집합 안에 포함되면, 그 집합을 포함하는 집합의 부분집합이라고 말한다.
(5) 집합 연산으로 합집합, 교집합, 차집합, 그리고 여집합이 있다.
(6) 공집합은 원소가 없는 집합을 말한다.
(7) 집합에 관련된 다른 중요한 개념들로써 서로 분리된 집합, 여집합, 그리고 멱집합 등이 있다.
(8) 집합들의 대수적 법칙들은 집합연산을 간단하게 만든다.

연습문제 1-1 Exercises

1. $U = Z_{12}$, $A = \{0, 1, 2, 3, 4, 5, 6, 7\}$, $B = \{4, 5, 6, 7, 8, 9, 10, 11\}$ 일 때 다음 집합을 구하여라.

(가) A^C (나) $A \cap B$

(다) $B - A$ (라) $B^C \cup A$

2. 주어진 벤 다이어그램을 이용하여 다음 집합을 그려 넣어라.

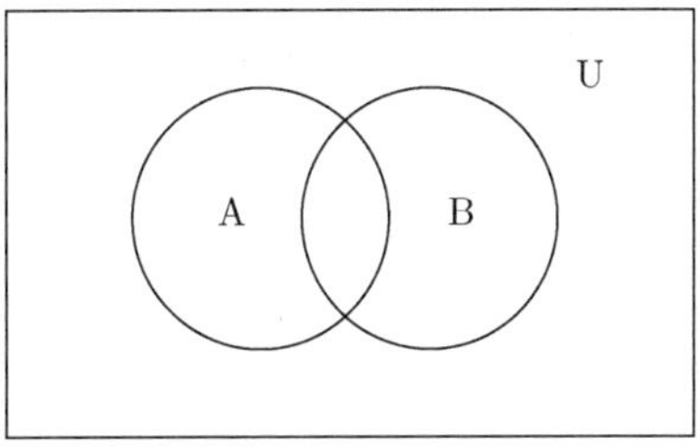

그림

(가) A^C (나) $A - B$

(다) $(A \cup B)^C$ (라) $(A \cap B)^C$

3. 벤다이어그램을 이용하여 다음 관계식이 거짓임을 보여라.

(가) $A \cup B = A \cap B$

(나) $A - B = B - A$

(다) $(A \cup B) \cap C = (A \cap B) \cup C$

1.2 함수-기본적 개념들

1.2.1 왜 함수를 배우는가?

반복하는 형식에 대한 연구는 수학이나 컴퓨터 공학에서 만큼이나 예술이나 음악과 같은 모든 학문적인 노력의 핵심이다. 수학적으로 일정한 형식을 모델링하는 중요한 방법 중 하나는 함수의 개념을 통해서이다. 사실 함수는 조건들의 집합 또는 일어날 수 있는 입력, 출력들의 집합, 그리고 입력에 따라 기대되는 출력을 알려주는 규칙들로 이루어져 있다. 우리는 이러한 개념들을 더 간결하고 간단하게 만들 것이다. 그래서 함수들은 다양한 상황들에 대한 모형이 된다.

예를 들어, 뉴턴의 운동법칙은 이상적인 야구공(공기의 저항 없이)이 주어진 시간 동안 이상적인 절벽(떨어지는 방향에 돌출되거나 바위 같은 것이 없는)에서 낙하할 때 얼마나 먼 곳에 떨어지는가에 대해 간결하게 말해주는 함수를 우리에게 줄 수 있다. 다른 함수의 예로써 시약의 양에 따라 화학적인 반응에 의해 만들어지는 화학적 부산물이 얼마인지를 우리에게 말해 주는 것이다.

이 책은 여러분들이 여러 함수들을 고등학교 과정에서 이미 배워 알고 있다고 전제하겠다. 그래서 이 단락의 대부분이 복습하는 것으로 진행해 나갈 것이다. 이 단락의 중요한 목적은 우리가 사용할 함수들의 중요한 부분들을 다시 한 번 기억해보는 것이다.

예제 1-16

다음 규칙에 의해서 나타나게 될 다음 빈칸에 알맞은 숫자를 채우고, x값으로부터 y값을 찾는 규칙을 찾아보아라.

x	y
1	0
2	3
3	8
4	15
5	

풀이 다음 수자는 24이며 규칙은 $y = x^2 - 1$이다. 숫자를 찾는 다른 방법은 오른쪽의 숫자들의 차이가 3, 5, 7이라는 것을 알고 있으므로 다음 차이가 9가 될 것이라고 예측할 수 있다. 그래서 이전 y값에 9를 더하면 새로운 y값을 얻을 수 있다. 즉 15+9=24.

예제 1-17

아래 x값들에 대응하는 y값을 예측해보아라.

x	y
1	2
2	6
3	12
4	20
1	-7
5	

풀이 두 번째 1에 해당하는 -7값을 제외하면 x값 5에 해당하는 y값이 30임을 알 수 있다. 그러나 한 개의 x값에 대해 두 개의 다른 y값이 대응되는 경우에 우리는 일정한 형식을 찾는다는 것은 불가능하다. 그러므로 마지막 y값을 예측할 수 없다.

■

이러한 기본적인 예들은 함수에 대한 중요한 성질을 설명한다. 예제 1은 함수이다. 왜냐하면 임의의 입력 값에 대해 단지 한 개의 출력 값을 얻기 때문이다. 그러나 예제 2는 함수가 아니다. 왜냐하면 한 개의 입력 값은 한 개 이상의 출력 값을 만들어내기 때문이다. 아래 그림은 함수를 설명한다. 비록 한 개의 Y값이 X의 두 개 또는 그 이상의 값들로부터 온 것이라고 하더라도, 각각의 X값은 단지 한 개의 Y값에 대응된다.

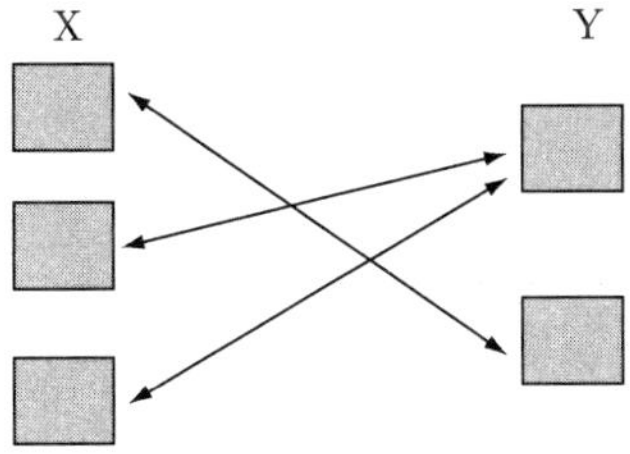

X에서 Y로의 함수

1.2.2 곱집합

X와 Y를 집합이라 하자.

집합 X×Y (X와 Y의 곱집합)은 $x\in X$이고 $y\in Y$일 때 모든 순서쌍들의 집합이다. 즉

$$X\times Y=\{(x,\ y)\ |\ x\in X\quad y\in Y\}$$이다.

곱집합의 개념은 모든 순서쌍들을 원소로 하는 집합을 생각하는 것으로 순서쌍의 첫 번째 원소는 X의 원소에서 선택되며, 두 번째는 Y의 원소에서 선택된다.

예제 1-18

X={1, 2, 3}이고 Y={1, 2}라고 하자. X×Y를 구하여라.

풀이 $X\times Y=\{(1,\ 1),\ (1,\ 2),\ (2,\ 1),\ (2,\ 2),\ (3,\ 1),\ (3,\ 2)\}$

■

예제 1-19

만일 X=ℝ이고 Y=ℝ이라 할 때, X×Y를 구하여라.

풀이 이 경우에 집합 X×Y는 아래 그림에서 보여주고 있는 기하학적 좌표와 비슷한 카르테시안(Cartesian) 평면이 된다. 이 집합의 원소들은 평면에서 보통의 점 $(x,\ y)$들이다.

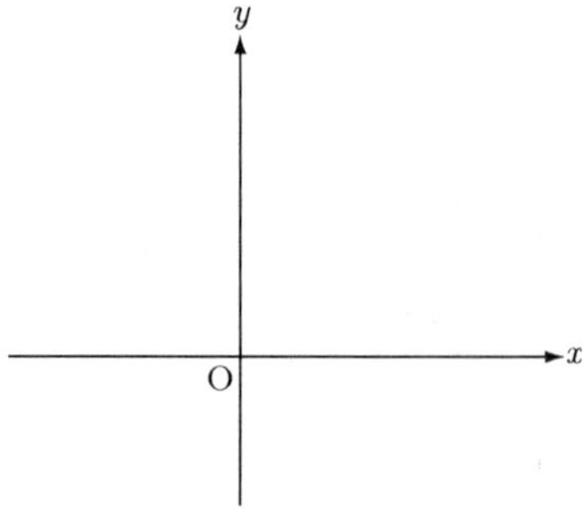

R × R (카르테시안 평면)

■

예제 1-20

X=$\mathbb{Z}$이고 Y=$\mathbb{Z}$라고 할 때 X×Y를 구하여라.

풀이 X×Y는 정수들의 모든 가능한 순서쌍 (x, y)들로 이루어진다. 예를 들면, (1, 1), (2, 3), (-1, 7). 아래 그림에서와 같이 수평선과 수직선이 만나는 점들로 표현될 수 있다.

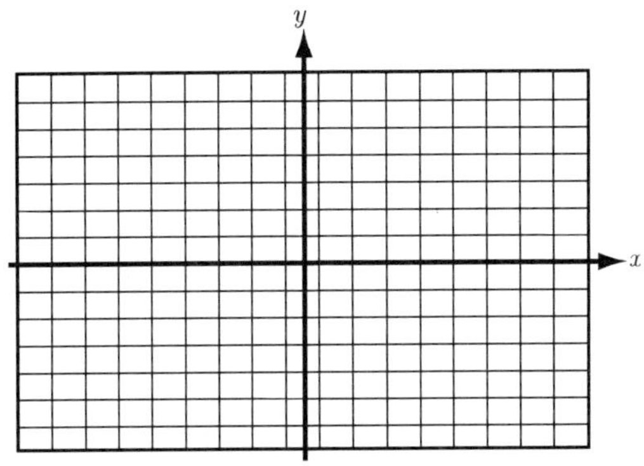

Z × Z ; 두 직선이 만나는 점들의 집합

1.2.3 함수

X와 Y를 집합이라 하자.

함수는 X×Y의 부분집합, f이며, 임의의 $x \in$X는 단지 한 개의 $y \in$Y에 대응되는 성질을 가진다.

다시 말해서, 예제 3과 같이, 동일한 x가 대응하는 두 개의 y값을 가질 수 없다. 전통적으로 우리는 함수가 원소가 아니라 집합이라고 하더라도 그것을 소문자로 표시한다.

함수를 표현하는 공통적인 방법은 검은 박스로 나타내는 것이다 - 적절한 입력 값을 절대적으로 예측 가능한 방법에 의해 대응하는 적절한 출력 값으로 변화시키는 기계로 생각하면 된다. 아래 그림을 참고하여라.

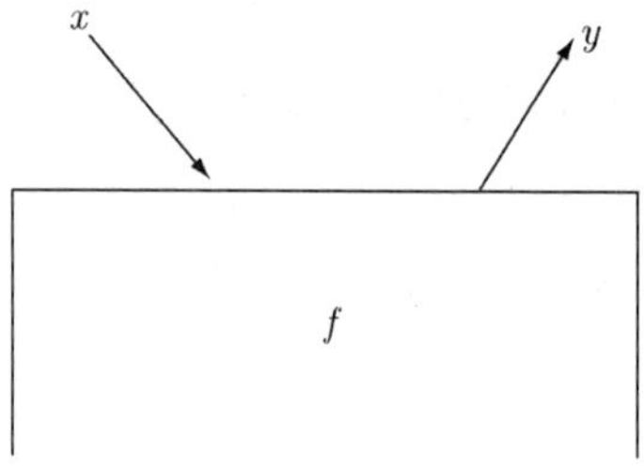

함수를 표현하는 방법

예제 1-21

X=Y={1, 2, 3, 4}일 때, 집합 {(1, 2), (2, 3), (3, 4), (4, 1)}이 함수인가?

풀이 함수이다. 모든 x값은 대응하는 단지 한 개의 y값을 가지기 때문이다.

예제 1-22

X=Y={1, 2, 3, 4, 5, 6}일 때, 집합

$$f=\{(1,\ 3),\ (2,\ 5),\ (4,\ 2),\ (1,\ 5),\ (5,\ 6),\ (6,\ 3)\}$$

이 함수인가?

풀이 함수가 아니다. 두 가지 이유를 들 수 있다. 첫째 $x=3$에 대응하는 y값이 없고, 둘째 $x=1$에 대응하는 y값이 한 개 이상이기 때문이다.

예제 1-23

X=Y=$\mathbb{R}$이고 $y=3x+2$라고 하면, 이 관계는 함수인가?

풀이 함수의 두 가지 조건을 만족하므로 함수이다. 첫째 모든 $x\in\mathbb{R}$에 대하여, y값 $3x+2$가 존재한다. 둘째 $3x+2$는 임의의 x값에 대응하는 y값으로 정확히 한 개만 존재한다.

예제 8의 함수는 집합 $f=\{(x,\ y)\mid y=3x+2\}$이다. 보통 함수를 표현하는 기호 $f(x)=3x+2$로 표현한다. 이것은 모든 X값에 대한 특정한 y값을 나타낸 것이다. 만일 x의 어떤 특정한 값, $x=2$에 대응하는 y의 값을 얻고자 한다면, x 대신에 x값 2를 식에 대입한 $f(2)=(3\times2)+2=8$을 얻게 된다. 동일한 방법으로 만일 $x=4$이면, $f(4)=(3\times4)+2=14$를 얻게 된다.

예제 1-24

$\Sigma=\{0,\ 1\}$, $X=\Sigma^*$이고 $Y=\mathbb{N}$이라고 하자. 만일 $w\in\Sigma^*$이라고 할 때, $n=L(w)$라고 하자. 즉 n은 w에 포함된 기호들의 개수가 될 것이다. 그렇다면 L은 함수인가?

풀이 함수의 두 가지 조건을 만족하므로 L은 함수가 된다. 첫째 모든 $w\in\Sigma^*$에 대하여, w의 길이가 되는 n이 존재한다. 예를 들어, L(001)=3이고 L(0101)=4. 둘째 모든 w에 대해 유일한 값 n이 존재한다. 왜냐하면 모든 문자열은 단지 한 개의 길이만 가지기 때문이다.

L(w) 또는 $f(x)$는 전체 함수를 표현한 것이 아니다. 특정한 값 w 또는 x에 대한 유일한 함수 값으로 표현된 것이다.

$f\subset X\times Y$인 함수라면 이때 X를 함수의 정의역(domain), Y를 변역(co-domain)이라고 말한다. 그리고 $\{f(x)\in Y\mid x\in X\}$를 치역(range)라고 말한다.

즉, 변역은 $f(x)$가 가질 수 있는 모든 가능한 값이다. 치역은 함수 f에 의해 정확하게 나타나는 $f(x)$값들이다.

함수 f가 $y=f(x)$일 때, 모든 x에 대하여 그 값에 대응되는 관계를 규칙(rule)이라고 말하기도 한다. 또한 x를 독립변수, y를 종속변수이라고 말한다. 때때로 $f: X\rightarrow Y$를 함수, X를 함수의 정의역, 그리고 Y를 함수의 변역으로 표현한다.

$f: X\rightarrow Y$를 "f는 X에서 Y로의 함수" 또는 "f는 X에서 Y로의 사상(mapping)"이라고 읽는다. 만일 X와 Y가 둘 다 $\mathbb{R}$ (또는 $\mathbb{Z}$ 또는 좌표계에서 그려질 수 있는 다른 집합)일 때, 함수의 그래프는 $\{(x,\ f(x))\mid x\in X\}$이 된다.

'함수(function)'을 대신해서 사용되는 다른 이름으로 변환(transformation), 사상(map 또는 mapping) 등이 있다. 그것들은 모두 같은 함수를 의미한다. 그러나 더 복잡한 수학에서는 '변환(transformation)'을 때대로 함수의 특별한 형태로 정의하기도 한다.

예제 1-25

정의역과 변역 그리고 독립변수와 종속변수를 예제 6, 예제 8, 그리고 예제 9에서 찾아라.

풀이 예제 6에서, 정의역, 변역, 그리고 치역은 모두 {1, 2, 3, 4}이다. 독립변수는 x, 종속변수는 y이다. 예제 8에서, 정의역, 변역, 그리고 치역은 모두 실수 $\mathbb{R}$이다. 독립변수는 x, 종속변수는 y이다. 예제 9에서, 정의역은 Σ^*, 변역과 치역은 모두 $\mathbb{N}$이다. 독립변수는 w이고 종속변수는 n이다.

1.2.4 수직선 검사

$\mathbb{R} \times \mathbb{R}$의 어떤 부분집합이 함수가 되는지 그렇지 않은지를 검사하는 데 유용한 방법이 수직선 검사이다. 이 방법은 함수의 그래프에 수직선을 그리는 것이다. 만일 정의역의 점들을 지나는 모든 수직선이 그래프의 오직 한 점과 만난다면 이 그래프는 함수를 표현한 것이다.

예제 1-26

X=Y=$\mathbb{R}$일 때, 규칙 $y=3x-2$에 의해 주어진 함수를 살펴보기로 하자. 이 함수의 그래프를 그리고 수직선 검사에 의해 함수임을 보여라.

풀이 아래 그림을 참고하여라.

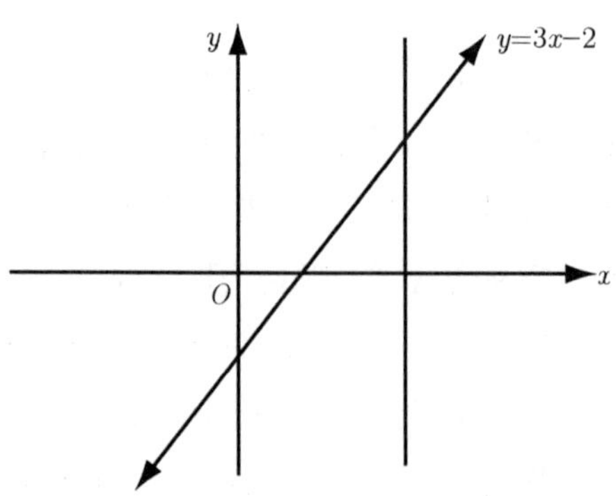

함수 $y=3x-2$에 적용된 수직선 검사

1.2.5 여러 가지 함수들

우리들에게 친숙한 함수들을 간단히 소개하겠다. 이러한 함수들에 대해 이미 사전 지식을 가지고 있을 것으로 생각된다. 함수들과 그것의 그래프들을 아래 표에 요약했으며 정의역과 변역 모두 실수 $\mathbb{R}$임을 가정하겠다. 지수함수와 로그함수는 매우 중요한 함수들로 단락 1.4에서 다루게 될 것이다.

만일 아래 표에서 함수들의 정의역과 변역이 실수집합 $\mathbb{R}$ 대신에 정수 집합 $\mathbb{Z}$를 가진다면, 그래프는 전혀 다른 모양이 될 것이다. 그 다음 표에서 그런 것들 가운데 두 함수의 그래프를 설명해 놓았다. 단지 점들로 이루어진 그래프는 수많은 둥근 점들에 의해 표현된다. 그런 함수들을 이산함수(discrete functions)라고 부른다. 이산형 함수는 정의역과 변역이 $\mathbb{R}$인 연속형 함수(continuous functions)와 다르다. 예제 9에서와 같이 Σ^*에서 $\mathbb{N}$으로의 함수는 또한 이산형 함수의 예이다.

함수이름	방정식	그래프
상수함수	$f(x)=c$	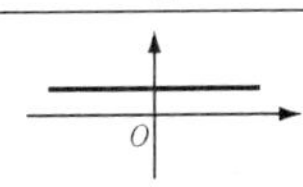
항등함수	$f(x)=x$	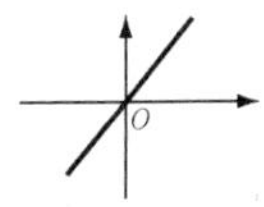
선형함수	$f(x)=ax+b$	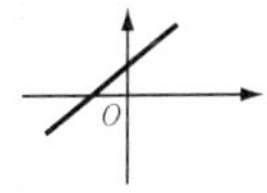
이차함수	$f(x)=ax^2+bx+c$	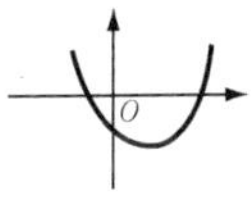
삼차함수	$f(x)=x^3$	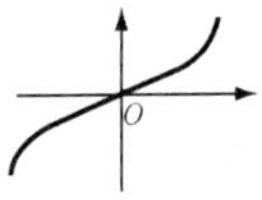
무리함수	$f(x)=\sqrt{x}$	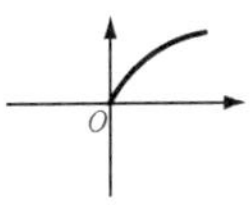
세제곱근 함수	$f(x)=\sqrt[3]{x}$	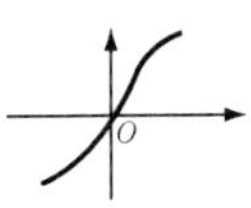
분수함수	$f(x)=\dfrac{1}{x}$	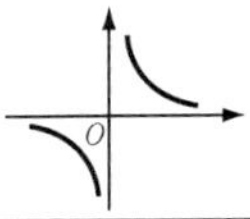

몇 가지 중요한 함수들

함수의 이름	방정식	그래프
상수함수	$f(x)=c$	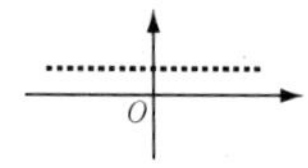
항등함수	$f(x)=x$	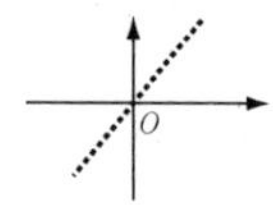

정의역이 Z인 이산형 함수의 그래프

1.2.6 부분적(piecewise) 정의

다음 세 함수에 대해 각별한 관심을 가지고 살펴보겠다.

예제 1-27

절대값 함수, $y=|x|$는 다음과 같이 정의된다.

$$|x|=\begin{cases} x, & x \geq 0 \\ -x, & x \leq 0 \end{cases}$$

이 함수의 그래프를 그려라.

풀이 이 함수는 그래프의 부분적(piecewise) 정의에 대한 첫 번째 예이다. 즉 x로부터 $f(x)$를 얻는 방법을 정의하는 규칙이 정의역의 구간에 따라 다르다. $|x|$의 그래프는 아래 그림과 같다.

x	y
-1.0	-1
-0.5	-1
-0.001	-1
0.0	0
0.5	0
0.999	0
1.0	1
1.5	1

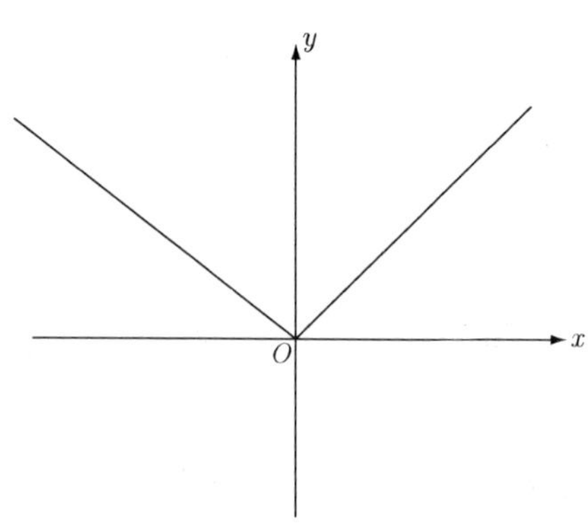

$y=|x|$의 그래프

예제 1-28

마루함수(floor function), $y = \lfloor x \rfloor$는 x와 같거나 작은 수들 가운데 가장 큰 정수로 정의된다. 그래서 만일 양의 실수가 x가 다음과 같이 소수로 표현된다면:

$$x = n.\, d_1 d_2 d_3 \cdots$$

그때

$$\lfloor x \rfloor = n$$

이다.

즉 양의 실수 $\lfloor x \rfloor$는 x의 소수부분을 제외한 값이 된다. 그러나 정수가 아닌 음의 실수인 경우에 소수부분을 제외한 후 1을 뺀 값이 함수 값이 된다. 마루함수의 그래프를 그려라.

풀이 아래 그림을 참고하여라.

x	y
-1.0	-1
-0.5	-1
-0.001	-1
0.0	0
0.5	0
0.999	0
1.0	1
1.5	1

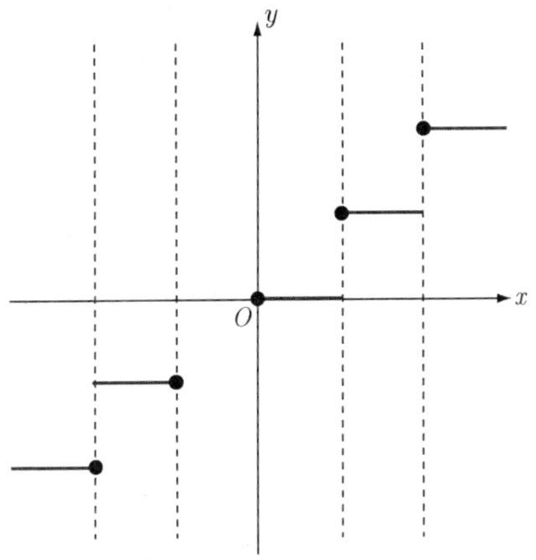

$y = \lfloor x \rfloor$

예제 1-29

$x \in \mathbb{R}$, 천정함수(ceiling function), $y = \lceil x \rceil$, 는 x와 같거나 큰 수들 가운데 가장 작은 정수로 정의된다. 그래서 $\lceil 3.5 \rceil$=4, $\lceil 3.00001 \rceil$=4이다. 여기서 주의할 점은 x의 천정함수 값이 x의 정수부분에 1을 더한 값으로 언제나 얻게 되지는 않는다는 것이다. 만일 x가 정수이면, $\lfloor x \rfloor = x = \lceil x \rceil$이다. 반면에 만일 x가 정수가 아니면 $\lceil x \rceil = 1 + \lfloor x \rfloor$이다.

풀이 두 개의 다른 종류의 함수로 다항함수(polynomial functions)와 유리함수(rational functions)가 있다. 다항함수는

$$a_n x^n + a_{n-1} x^{n-1} + \cdots + a_1 x + a_0$$

의 형식을 가지며, 유리함수는 다항함수의 비(ratio)로 표현된다.

■

2.3.7 다변수함수

지금까지는 한 개의 입력 값에 대해 한 개의 출력 값을 가지는 함수들을 살펴보았다. 대부분의 실제적인 상황들은 한 개 이상의 요인에 달려있다. 그래서 함수가 다수의 입력 값에 다수의 출력 값으로 이루어진 모델에 사용될 수 있다. 예를 들어, $z=f(w_1, w_2)$인 연결함수(concatenation function)에 대해, $f(w_1, w_2)=w_1 w_2$는 문자 w_1 다음에 문자 w_2가 따르는 방식으로 구성된 문자열이다. 이 함수의 정의역은 $\Sigma^* \times \Sigma^*$이며, 변역은 Σ^*이다. 모든 문자열들의 순서쌍 (w_1, w_2)에 대해, 단지 한 개의 z가 있다.

위의 내용을 정리하면 다음과 같다.

(1) X와 Y는 집합이다. 집합 X×Y는 X와 Y의 곱집합이며, $x \in$ X이고 $y \in$ Y를 만족하는 모든 순서쌍들 (x, y)로 이루어진 집합이다. 즉

$$X \times Y = \{(x, y) \mid x \in X\text{이고 } y \in Y\}.$$

(2) 함수 f는 임의의 $x \in$ X에 대해, x가 대응하는 y값이 정확히 한 개가 되는 규칙을 가진 X×Y의 부분집합이다.

(3) X=R이고 Y=R일 때, X×Y의 부분집합이 함수가 되는지 확인하는 방법으로 수직선 검사가 있다.

(4) 자주 사용하게 될 중요한 함수들로는 상수함수, 항등함수, 일차함수, 이차함수, 삼차함수, 다항함수, 무리함수, 세제곱근함수, 분수함수, 절대함수, 그리고 마루와 천정함수가 있다.

연습문제 1-2 Exercises

1. 다음 두 집합 A와 B의 곱집합을 구하여라.

(가) $A=\{1, 2, 3\}$, $B=\{1, 2\}$

(나) $A=\{1, 2, 3\}$, $B=\phi$

(다) $A=\phi$, $B=\{a, b\}$

2. $A=B=\mathbb{Z}$ 이고 $f(x)=x^2-1$일 때 다음을 찾아라.

(가) $f(0)$ (나) $f(-1)$

(다) $f(a)$ (라) $f(x+1)$

(마) $f(x)+f(y)$ (바) $f(2x^2-1)$

3. 다음 함수의 정의역과 변역이 $\mathbb{R}$이라 가정할 때 치역, 독립변수, 종속변수를 말하여라.

(가) $y=3x+1$ (나) $g=r^2$

(다) $h=u^2-3$

4. 다음 관계식에서 x값과 y값에 대한 표를 만들고 곡선을 그려 보아라. 또한 수직선 검사에 의해 함수인지 함수가 아닌지를 결정하여라.

(가) $y=2x-1$ (나) $x=y^2$

(다) $y=\frac{1}{3}x^3$

1.3 함수의 성질

우리는 먼저 주어진 입력값에 대응되는 출력값을 찾기 위하여 함수를 살펴보았다. 그러나 가끔 다르게 조건을 보는 질문들을 하기 원할 때가 있다. 출력값이 주어졌을 때 한 개의 입력값에서 왔는지? 만일 그렇다면 그것이 무엇인지? 이 질문에 대답하기 위해 우리는 역함수의 개념을 알아야 한다.

1.3.1 합성함수

세 집합 X, Y, Z에 대해 $f: X \to Y$, $g: Y \to Z$이라 할 때, 합성함수 $g \circ f: X \to Z$는 $(g \circ f)(x) = g(f(x))$로 정의된다.

합성함수에 대한 이해를 아래 그림에서 참조하여라.

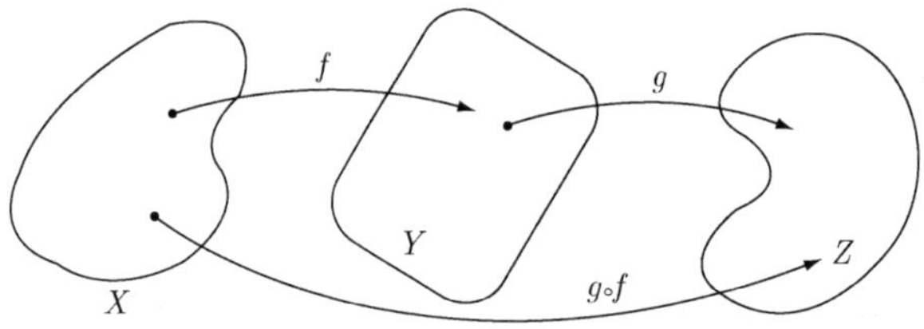

$g \circ f$는 f와 g의 합성이다

예제 1-30

X=Y=Z=$\mathbb{R}$이며, $f(x)=x^2$, $g(y)=\sqrt{y-1}$이라 할 때, $(g \circ f)(x)$를 구하여라.

풀이 $g(f(x))=\sqrt{x^2-1}$.

■

예제 1-31

X=Y=Z=$\mathbb{R}$, $f(x)=\sqrt{x}$, $g(y)=y^2+y+1$일 때 $(g \circ f)(x)$를 구하여라.

풀이 $g(f(x))=(\sqrt{x})^2 + \sqrt{x}+1 = x+\sqrt{x}+1.$

■

1.3.2 역함수

함수 f : X→Y라고 하자. f의 역함수는 $f^{-1} : Y \to X$ 이며, 모든 $x \in$ X에 대해 $f^{-1}(f(x)) = x$ 이고, 모든 y∈Y에 대해 $f(f^{-1}(y)) = y$ 이다.

다시 말해서, 만일 f가 x를 취할 때 y가 된다면, f^{-1}는 같은 y를 같은 x로 되돌린다. 아래 그림을 참고하여라.

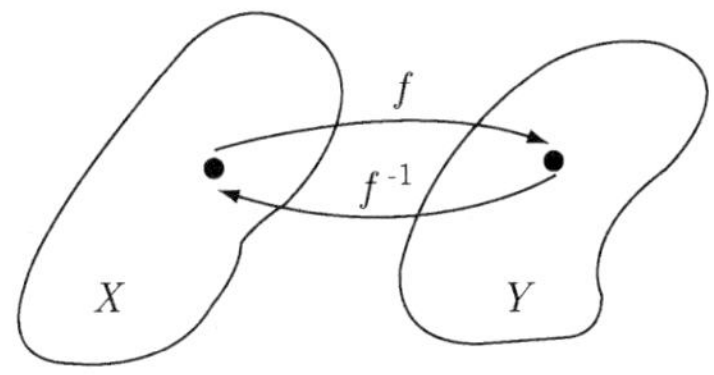

f와 f^{-1}의 역함수

불행하게도 모든 함수가 역함수를 가지진 않는다. 예를 들면, $f(x)=x^2-1$일 때, $f(1)=0$이고 $f(-1)=0$이다. 그래서 f의 역함수가 값 0을 취할 때, 두 개의 값 1과 -1에 대응된다. 그러나 그때 f^{-1}는 함수가 되지 않는다. 그래서 어떤 함수는 역함수를 가지지만 어떤 다른 함수는 역함수를 가지지 못할 수도 있다.

다음 개념은 주어진 함수가 역함수를 가지는지 그렇지 않은지를 결정하도록 돕는다.

1.3.3 단사함수와 전사함수

정의역 X와 변역 Y가 주어졌을 때, 함수 f는 X×Y의 부분집합이며, 집합 X에 속한 모든 원소 x에 대해, 그것이 대응하는 집합 Y의 원소 y가 단지 한 개가 있을 때 정의된다. 그래서 두 개 혹은 그 이상의 x가 같은 y로 대응되는 것이 가능하다. 그러나 이와 같은 "2 대 1" 함수는 역함수를 가지지 못한다.

예제 1-32

X=Y={1, 2, 3, 4}이고, 함수 f가 $f(1)=2$, $f(2)=4$, $f(3)=1$, 그리고 $f(4)=2$로 정의된다고 하자. 그때 f는 모든 x가 단지 한 개의 y에 대응되므로 함수가 된다. 그러나 $f(1)$, $f(4)$가 모두 2이기 때문에 역함수가 없다. 아래 그림을 참고하여라.

풀이

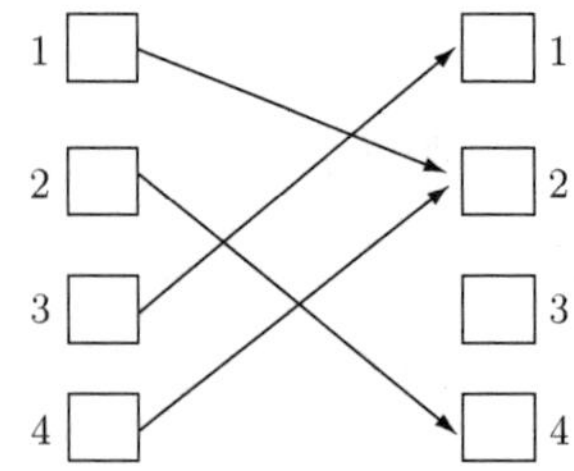

역함수를 가지지 못하는 함수

정의역 X에서 변역 Y로의 함수 f가 일대일 함수(단사함수)가 되기 위하여, Y의 모든 y에 대하여 $f(x)=y$가 되는 x가 많아야 한 개 있어야 한다. 함수가 전사함수(onto)가 되기 위하여, 집합 Y의 모든 원소 y에 대하여 $f(x)=y$가 되는 집합 X의 원소 x가 적어도 한 개 있어야 한다. 즉 함수의 변역과 치역이 같을 때 이 함수는 전사함수가 된다. 만일 f가 단사이면서 전사인 함수를 일대일 대응함수(전단사함수)라고 말한다.

정의역과 변역으로 실수 $\mathbb{R}$을 가지는 함수가 단사인지 전사가 되는지를 확인하는 가장 간단한 방법으로 수평선 검사가 있다. 만일 수평선이 변역을 통과하도록 수평선을 그렸을 때 많아야 한 점에서 그래프와 만난다면 이 함수는 단사함수이다. 만일 그런 직선이 적어도 한 점에서 그래프와 만난다면 이 함수는 전사함수가 된다. 아래 그림을 참고하여라.

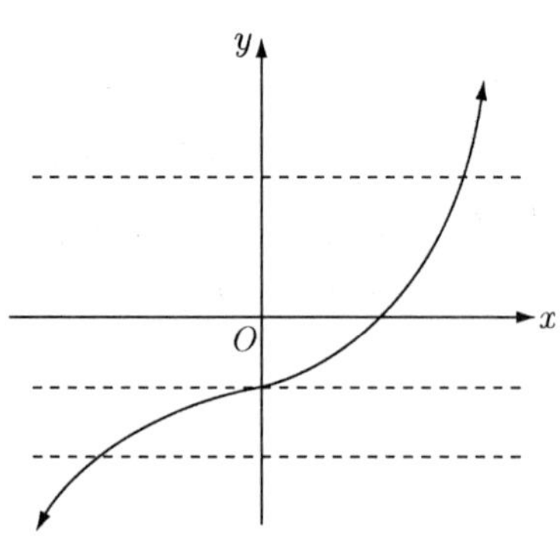

f가 단사함수 또는 전사함수인지를 보이기 위해 수평선 검사를 사용

예제 1-33

X=Y=Z=$\mathbb{R}$, $f(x)=2x+3$이라 하자. f는 단사함수인가? 아니면 전사함수인가?

풀이 수평선 검사에 의해, 이 함수는 단사이면서 전사이다. 따라서 f는 일대일 대응(전단사)함수이다. 아래 그림을 참고하여라.

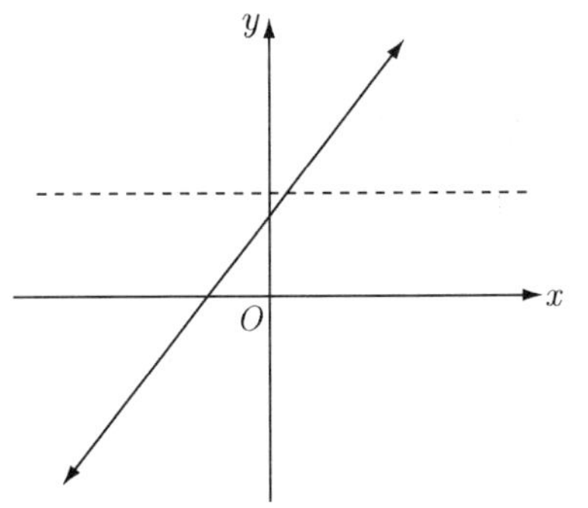

$y=2x+3$은 일대일 대응함수이다

■

예제 1-34

X=$\mathbb{R}$이라 하자. $f(x)=x^2-1$은 단사함수이면서 전사함수인가?

풀이 이 경우에 함수 f는 단사도 아니고 전사도 아닌 것이 분명하다. -1 아래의 y값들은 그것들에 대응되는 x값들을 가지고 있지 않다. 그리고 -1 위의 값들은 두 개의 x값들을 가진다. 아래 그림을 참고하여라.

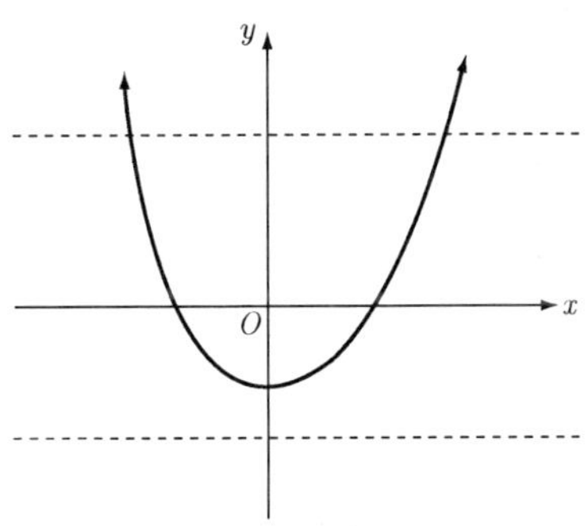

$y=x^2-1$은 단사함수도 아니고 전사함수도 아니다

■

x에 대해 방정식을 풀면 같은 결과를 보여준다:

$$x = \pm\sqrt{y+1}$$

만일 $y < -1$이면, 제곱근은 정의되지 않는다. 그래서 이러한 y값에 대응되는 x값은 없다. 만일 $y > -1$이면, 임의의 y에 대해 x값이 두 개 존재한다.

예제 1-35

$y = x^3$은 단사함수이면서 전사함수인가?

풀이 이 함수는 전단사함수이다. 수평선 검사를 적용할 수 있다. 아래 그림을 참고하여라.

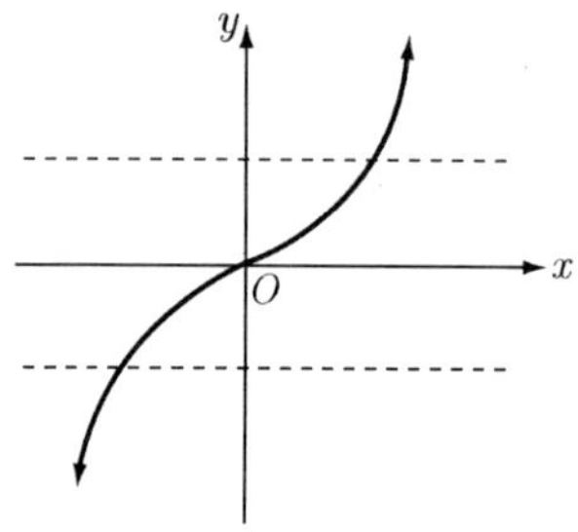

$y = x^3$은 전단사함수이다

다음은 전단사함수가 집합의 크기에 대한 개념을 설명해준다.

S를 집합이라 하자. 그때 만일 S와 집합 $\{1, 2, \cdots, n\}(n \in \mathrm{N})$ 사이에 일대일 대응관계가 존재한다면, S는 n개의 원소를 가진다. 만일 그런 일대일 대응관계가 존재한다면, S는 유한집합이다. 만일 S가 유한집합이 아니면, S는 무한집합이다. 집합의 원소 개수를 기호 $|S|$로 표시한다.

예제 1-36

Σ={0, 1}, S_2={0, 1, 00, 01, 10, 11},

S_3={0, 1, 00, 01, 10, 11, 000, 001, 010, 011, 100, 101, 110, 111}이라 하자.

풀이 그러면

$$|\Sigma| = 2,$$
$$|S_2| = 6,$$
$$|S_3| = 14,$$

Σ^*는 무한집합이다.

■

$\mathbb{N}$, $\mathbb{Z}$, $\mathbb{Q}$, 그리고 $\mathbb{R}$은 모두 무한집합이다. 그러나 $\mathbb{N}$과 $\mathbb{Z}$, 그리고 $\mathbb{N}$과 $\mathbb{Q}$, 그리고 $\mathbb{Z}$과 $\mathbb{Q}$사이에 일대일 대응관계가 있다는 것을 보일 수 있다. 그러나 $\mathbb{R}$과 다른 세 집합($\mathbb{N}$, $\mathbb{Z}$, $\mathbb{Q}$)사이에는 일대일 대응관계가 없다.

또한 만일 $|A|=n$이고 $|B|=n$이라면, 이때 두 집합 A, B는 $\{1, 2, \cdots, n\}$와 일대일 대응관계 속에 있다. 그래서 A와 B사이에 일대일 대응관계가 있다. 즉 두 유한집합이 같은 수의 원소를 가진다는 것과 둘 사이에 일대일 대응관계가 있다는 것은 동치이다.

1.3.4 역함수

만일 함수 f: X→Y가 역함수를 가지면, f는 일대일 대응(전단사함수)함수이다. 그리고 그 역도 성립한다. 즉 두 조건은 동치이다.

이것이 사실임을 이해하기 위해서, 먼저 f가 일대일 대응 함수(전단사)라고 가정하자. 그때 모든 x는 유일한 한 개의 y에 대응한다. 왜냐하면 f가 일대일 함수(단사)이기 때문이다. 더군다나 모든 y가 그것에 대응되는 x를 가진다. 왜냐하면 f가 전사함수이기 때문이다. 그래서 $\{(y, x) | y=f(x)\}$는 함수가 되는 규칙을 만족한다.

두 번째, f가 역함수를 가진다고 가정하자. 그때 모든 y에 대해 x가 있다. 그래서 f는 전사함수이다. 또한 f^{-1}가 함수이므로 모든 y에 대해 많아야 한 개의 x가 있다. 그래서 f는 또한 단사함수이다.

예제 1-37

만일 $f(x) = 2x + 3$이라면, f^{-1}를 찾고 이것이 f의 역함수가 됨을 증명하여라.

풀이 $y = 2x + 3$이라고 놓겠다. 그때 $x = f^{-1}(y) = \dfrac{y-3}{2}$이 된다. 이 함수가 f의 역함수임을 다음 식에 대입하면서 증명할 수 있다:

$$f(f^{-1}(y)) = 2f^{-1}(y) + 3 = 2(\frac{y-3}{2}) + 3 = y - 3 + 3 = y$$

그리고

$$f^{-1}(f(x)) = \frac{f(x) - 3}{2} = \frac{2x + 3 - 3}{2} = x$$

■

예제 1-38

만일 $f(x) = x^3$일 때, f^{-1}를 찾고 이것이 역함수임을 증명하여라.

풀이 만일 $y = x^3$이라면, $x = f^{-1}(y) = \sqrt[3]{y}$. 역함수의 조건에 대입해보자:

$$f^{-1}(f(x)) = \sqrt[3]{f(x)} = \sqrt[3]{(x)^3} = x$$

그리고

$$f(f^{-1}(y)) = (f^{-1}(y))^3 = (\sqrt[3]{y})^3 = y.$$

■

예제 1-39

$f : Z_5 \to Z_5$가 다음과 같이 정의된다고 하자:

$$f(0) = 1,\ f(1) = 2,\ f(2) = 3,\ f(3) = 4,\ f(4) = 0.$$

f가 역함수를 가진다는 것을 보이고 역함수를 찾아보아라.

풀이 Z_5에 있는 모든 원소가 그것에 대응되는 원소가 단지 한 개이기 때문에 f는 전단사함수이다. 그래서 f는 역함수를 가진다. 그리고 역함수는 다음과 같이 정의된다.

$$f^{-1}(0) = 4,\ f^{-1}(1) = 0,\ f^{-1}(2) = 1,\ f^{-1}(3) = 2,\ f^{-1}(4) = 3.$$

■

위의 내용을 정리하면 다음과 같다.

(1) 만일 f의 정의역에 있는 모든 x에 대해 $f^{-1}(f(x)) = x$ 이고, f의 변역에 속한 모든 y에 대해 $f(f^{-1}(y)) = y$가 된다면, 이때 함수 f^{-1}를 f의 역함수라고 말한다.

(2) 모든 함수가 역함수를 가지진 않는다. 함수 f가 역함수를 가진다는 것과, f가 집합 $\{1,\ 2,\ \cdots,\ n\}(n\in\mathbb{N})$과 일대일 대응관계라는 것은 동치이다.

(3) 만일 어떤 집합이 집합 $\{1,\ 2,\ \cdots,\ n\}(n\in\mathbb{N})$과 일대일 대응관계로 연결될 수 있다면 이 집합은 n개의 원소를 가진다고 말한다.

연습문제 1-3 Exercises

1. 다음 함수의 합성함수 $f\circ g$와 $g\circ f$를 구하여라.

(가) $f(x)=x-3,\ g(x)=|x|$

(나) $f(x)=\frac{1}{2}x,\ g(x)=x^2$

(다) $f(x)=x^2,\ g(x)=\sqrt{x}$

(라) $f(x)=\sqrt{x-1},\ g(x)=\frac{1}{x}$

2. 수평선검사를 이용하여 다음 함수가 일대일 대응(전단사) 함수인지 아닌지를 조사하여라.

(가) $\{(1,\ 1),\ (2,\ 2),\ (3,\ 3),\ (4,\ 4)\}$

(나) $f(x)=x^2+1,\ x\in\mathbb{R}$

(다) $g(x)=|x|,\ x\in\mathbb{Z}$

3. 함수 f의 정의역과 변역 모두 $\{x\in\mathbb{Z}|x>0\}$이라 가정할 때 다음 함수가 전단사 함수인지를 조사하여라.

(가) $f(x)=\frac{1}{x}$　　　　(나) $f(x)=x^2$

1.4 지수함수와 로그함수

다음은 지수함수와 로그함수를 소개하겠다. 지수함수는 과학의 모든 영역에서 널리 연구되고 있는 성장과 쇠퇴과정들의 모델에 사용되곤 한다. 알고리즘의 분석에서 컴퓨터공학의 역할 때문에 또한 지수함수는 매우 중요한 함수이다. 로그함수는 지수함수의 역함수이다. 그래서 지수함수를 다룰 때마다 로그함수가 등장한다.

1.4.1 지수함수

X=Y=ℝ이라 하자. 양의 실수 a에 대해 $f(x)=a^x$일 때, $f(x)$를 밑이 a인 지수함수라고 말한다.

지수함수의 그래프를 보기 전에, 우리에게 필요한 지수함수의 두 성질들을 소개하겠다.

$$\text{(E1)}\ \ a^0 = 1$$

$$\text{(E2)}\ \ a^{-n} = \frac{1}{a^n}$$

위의 두 성질들을 증명해 보일 필요는 없다. 다만 편의상 위의 성질들을 필요에 따라 사용할 것이다. (E1)에 대해 생각해보자. 다음 관계식은 잘 알려진 것들이다.

$$a^1 = a$$

$$a^2 = a \cdot a$$

$$a^3 = a \cdot a \cdot a$$

$$\vdots$$

즉 a^n은 a를 n번 곱하는 것을 의미한다. 그러나 이것은 a에 0을 곱하는 것을 의미하는 것은 분명히 아니다. 이것을 정의하는 방법은 $a^1 = \dfrac{a^2}{a}$, $a^2 = \dfrac{a^3}{a}$, $\cdots$이다. 같은 방법으로 다음 관계식을 기대할 수 있다.

$$a^0 = \frac{a^1}{a}.$$

그러나 $a^1 = a$이므로 a^0은 자연스럽게 1로 정의될 것이다.

같은 방법으로,

$$a^{-1} = \frac{a^0}{a} = \frac{1}{a},$$

$$a^{-2} = \frac{a^{-1}}{a} = \frac{1}{a^2}.$$

이와 같은 과정들을 진행하면서 (E2)에 대한 이론적 해석을 이해할 수 있을 것이다.

예제 1-40

$f(x) = 2^x$ 라고 가정하겠다. f에 대한 표를 만들어보고 그것의 그래프를 그려보아라.

풀이 아래 그림을 참고하여라.

x	y
-3	0.125
-2	0.25
-1	0.5
0	1.0
1	2.0
2	4.0
3	8.0
4	16.0

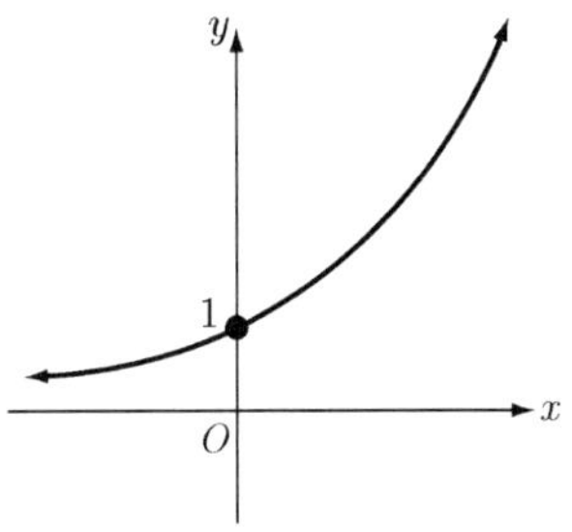

$y = 2^x$ 의 그래프

예제 1-41

$f(x) = 3^x$ 라고 가정하겠다. f에 대한 표를 만들어보고 그것의 그래프를 그려보아라.

풀이 아래 그림을 참고하여라.

x	y
-3	0.037
-2	0.111
-1	0.333
0	1.0
1	3.0
2	9.0
3	27.0
4	81.0

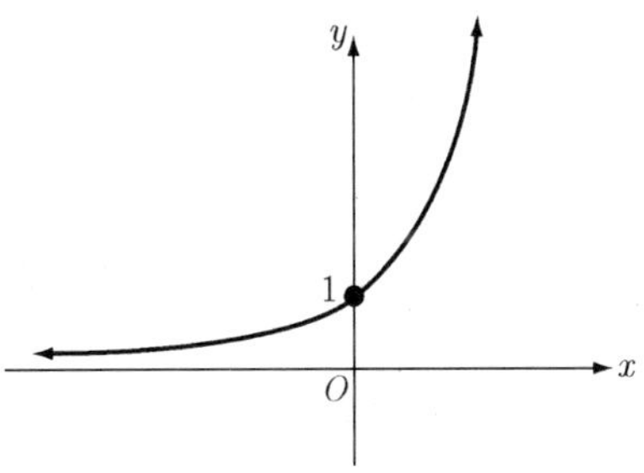

$y = 3^x$ 의 그래프

예제 1-42

$f(x)=(\frac{1}{2})^x$라고 가정하겠다. f에 대한 표를 만들어보고 그것의 그래프를 그려보아라.

풀이 아래 그림을 참고하여라.

x	y
-3	8.0
-2	4.0
-1	2.0
0	1.0
1	0.5
2	0.25
3	0.125
4	0.0625

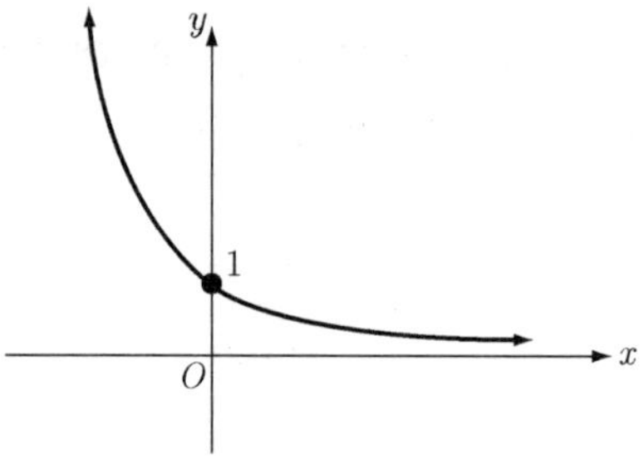

$y=(\frac{1}{2})^x$의 그래프

■

예제 1-43

동일한 평면 위에 $f_0(x)=(\frac{1}{2})^x$, $f_1(x)=1^x$, $f_2(x)=2^x$, $f_3(x)=3^x$, 그리고 $f_4(x)=4^x$의 그래프를 그려보아라.

풀이 모든 x값에 대해, $1^x=1$임을 알고 있다. 아래 그림을 참고하여라.

x	y
-3	8.0
-2	4.0
-1	2.0
0	1.0
1	0.5
2	0.25
3	0.125
4	0.0625

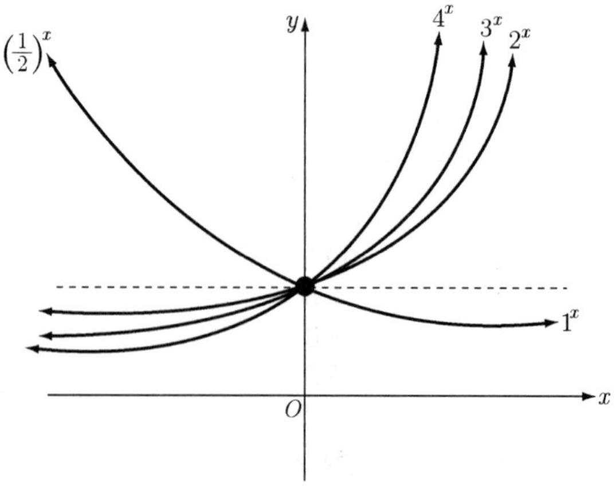

여러 지수함수들의 그래프

■

1.4.2 지수함수의 여러 가지 성질들

다음 지수함수의 성질들은 자주 사용된다.

$$\text{(E3)} \quad a^m \cdot a^n = a^{m+n}$$

$$\text{(E4)} \quad \frac{a^m}{a^n} = a^{m-n}$$

$$\text{(E5)} \quad (a^m)^n = a^{mn}$$

$$\text{(E6)} \quad a^{\frac{m}{n}} = \sqrt[n]{(a^m)} = (\sqrt[n]{a})^m$$

예제 1-44

다음 식을 간단히 하여라.

(가) $2^5 \cdot 2^2$　　(나) 6^0　　(다) $4^{\frac{3}{2}}$

(라) $\frac{3^{3x}}{3^x}$　　(마) $(2^x)^x$

풀이 (가) $2^5 \cdot 2^2 = 2^{5+2} = 2^7$

(나) $6^0 = 1$

(다) $4^{\frac{3}{2}} = (\sqrt{4})^3 = 2^3 = 8$

(라) $\frac{3^{3x}}{3^x} = 3^{3x-x} = 3^{2x}$

(마) $(2^x)^x = 2^{x \cdot x} = 2^{x^2}$

■

예제 1-45

다음 $(\frac{1}{2})^n = 2^{-n}$와 $(a^2)^{\frac{3}{2}} = a^3$을 보여라.

풀이 $(\frac{1}{2})^n = (2^{-1})^n = 2^{-n}$,　$(a^2)^{\frac{3}{2}} = a^{2(\frac{3}{2})} = a^3$.

■

1.4.3 로그함수

수평선 검사를 이전 그래프에 적용하면 지수함수의 a가 1이 아닌 경우에 일대일 함수임을 알 수 있다. 또한 지수함수를 $\mathbb{R}$에서 $\mathbb{R}^+$(양의 실수)로 가는 함수로써 생각했을 때, 이 함수는 전사함수(onto)이다. 왜냐하면 변역에 속한 임의의 값 y는 대응하는 x값을 가지기 때문이다. 그래서 정의역이 실수이고 변역이 양의 실수인 경우에 지수함수는 일대일 대응함수(전단사)이다.

밑이 a인 지수함수의 역이 밑이 a인 로그함수이며 기호 $y = \log_a x$로 표시한다. 앞으로 이 기호를 로그함수로 나타낼 것이다. 임의의 역함수에 대해, 우리는 식 $f(f^{-1}(x)) = x$, $f^{-1}(f(x)) = x$이 성립함을 배웠다. 이 식에 의해 지수함수와 로그함수의 다음 두 성질을 유도할 수 있다.

$$\text{(I1)}\quad a(\log_a x) = x$$

$$\text{(I2)}\quad \log_a(a^x) = x$$

예제 1-46

다음을 계산하여라.

(가) $\log_2 8$　　(나) $\log_3 81$　　(다) $\log_a a$

(라) $2(\log_2 3)$　　(마) $5(\log_5(x+1))$

풀이 (가) $\log_2 8 = \log_2(2^3) = 3$

(나) $\log_3 81 = \log_3(3^4) = 4$

(다) $\log_a a = \log_a(a^1) = 1$

(라) $2(\log_2 3) = 3$

(마) $5(\log_5(x+1)) = x+1$

■

예제 1-47

a의 여러 가지 값에 대해 $y = \log_a x$의 그래프를 그려보아라.

풀이 여기서 밑 a는 1보다 큰 수이며, 이때 로그함수의 그래프를 $a=2, 3$, 그리고 4일 때 그려보겠다. 아래 그림을 참고하여라.

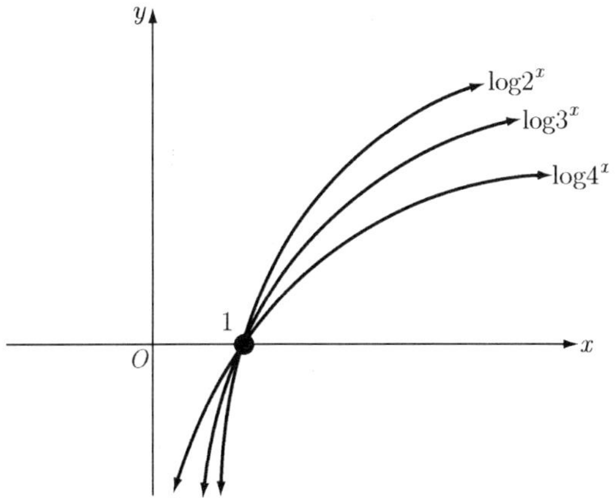

로그함수의 그래프 비교

지수함수의 중요한 특성으로 매우 빠르게 증가하는 것과 마찬가지로, 로그함수의 중요한 특성은 매우 천천히 증가하는 것이다. 지수함수와 로그함수 사이의 차이점을 보는 다른 방법은 다음과 같다: $y=a^n$은 1에 a를 n번 곱하면 y를 얻게 됨을 의미한다. 비슷하게 만일 n이 a의 멱이라면, $y=\log_a n$은 n이 y번 a에 의해 나누어졌을 때 1이 됨을 의미한다. 만일 n이 a의 멱이 아니라면, $\lceil y \rceil$은 n이 a에 의해 몇 번 나누었을 때 1보다 작게 되는 몇 번의 값을 의미한다. 예를 들어, 만일 n=8이면, $\frac{8}{2^3}=1$이므로 $\log_2 n=3$이다. 만일 n=7이면, $\frac{7}{2^3}<1$이므로 $\lceil \log_2 7 \rceil=3$.

1.4.4 로그함수의 성질

다음은 로그함수의 기본적인 성질들이다.

(L1) $\log_a 1=0$

(L2) $\log_a a=1$

(L3) $\log_a mn=\log_a m+\log_a n$

(L4) $\log_a \frac{m}{n}=\log_a m-\log_a n$

$$\text{(L5)}\ \log_a m^n = n\log_a m$$

이러한 성질들을 증명하는 논증은 로그함수가 지수함수의 역함수라는 개념을 적용하는 것이며 지수함수의 적절한 성질들을 이용하는 것이다.

로그함수의 성질들을 증명하면 다음과 같다.

(L1) $\log_a 1 = x$라고 하자. 그때 $a^x = 1$이다. 그래서 $x=0$이다.

(L2) 이미 예제 4에서 증명했다.

(L3) $x = \log_a m$ 이고 $y = \log_a n$이라 하자. 그때 $m = a^x$이고 $n = a^y$이다.

그래서 $mn = a^{x+y}$이고 그러므로 $x+y = \log_a(mn)$이다. 이 항들을 결합하면,

$$\log_a mn = \log_a m + \log_a n$$

을 얻게 된다.

(L4) L3와 비슷하다.

(L5) 다시 한 번, n이 양의 정수인 경우에만 이것을 증명할 것이다.

$$\begin{aligned}\log_a m^n &= \log_a \underbrace{(m \cdot m \cdots m)}_{n\text{번}} \\ &= \underbrace{\log_a m + \log_a m + \cdots + \log_a m}_{n\text{번}} \\ &= n\log_a m\end{aligned}$$

예제 1-48

$\log_2 3 = 1.585$와 $\log_2 5 = 2.322$을 이용하여, 다음 로그값을 구하여라.

(가) $\log_2 6$ (나) $\log_2 1.6$ (다) $\log_2 0.5$

풀이 (가) $\log_2 6 = \log_2 2 \cdot 3 = \log_2 2 + \log_2 3 = 1 + 1.585 = 2.585$

(나) $\log_2 1.6 = \log_2 \frac{8}{5} = \log_2 8 - \log_2 5 = 3 - 2.322 = 0.678$

(다) $\log_2 0.5 = \log_2 \frac{1}{2} = \log_2 2^{-1} = -1$

■

연습문제 1-4

Exercises

1. 다음 함수의 x와 y값을 나타낸 표를 만들고 이 표에 근거하여 그래프를 그려라.

(가) $y = 4^x$

(나) $y = \left(\frac{1}{3}\right)^x$

(다) $y = 3^{2x}$

2. 다음을 간단히 하여라.

(가) $2^6 \cdot 2^3$

(나) $3^a \cdot 3^{-a}$

(다) $(2^2)^3$

(라) $27^{\frac{x}{3}}$

(마) $\frac{2^3}{2^4}$

(바) $\log_2 4$

(사) $\log_3 \left(\frac{1}{27}\right)$

(아) $\log_2 2^n$

(자) $3\log_3(x+1)$

3. $\log_2 7 = 2.807$, $\log_2 5 = 2.322$를 이용하여 다음을 계산하여라.

(가) $\log_2 35$

(나) $\log_2 14$

(다) $\log_2 625$

(라) $\log_2 175$

1.5 삼각함수

1.5.1 각도법과 호도법

각의 크기를 나타내는 두 가지 방법이 있다. 일반적으로 사용하는 각도법과 라디안(radian)을 단위로 하는 호도법이다.

호도법은 원의 둘레의 길이와 관계된 것으로 보통 단위를 생략하여 사용된다. 아래 그림과 같이 반지름이 1인 단위원을 가지고 살펴보겠다.

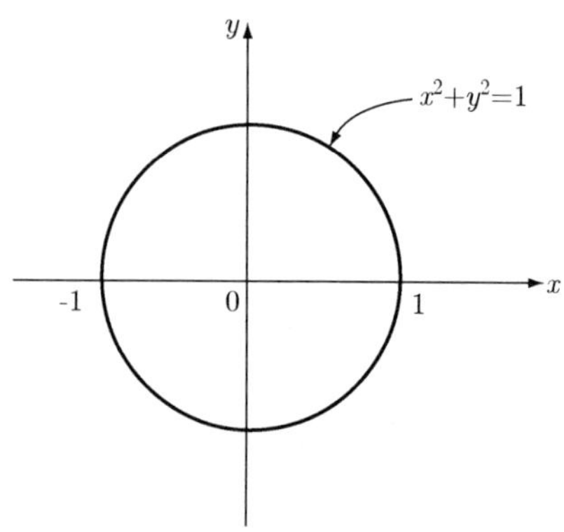

반지름이 1인 단위원의 둘레의 길이는 2π임을 알고 있다. 이때 $\frac{1}{4}$원의 둘레는 $\frac{\pi}{2}$가 될 것이고 원의 둘레 $\frac{\pi}{2}$에 해당되는 반지름 1인 부채꼴의 사이각을 $\frac{\pi}{2}$라디안이라고 정의한다.

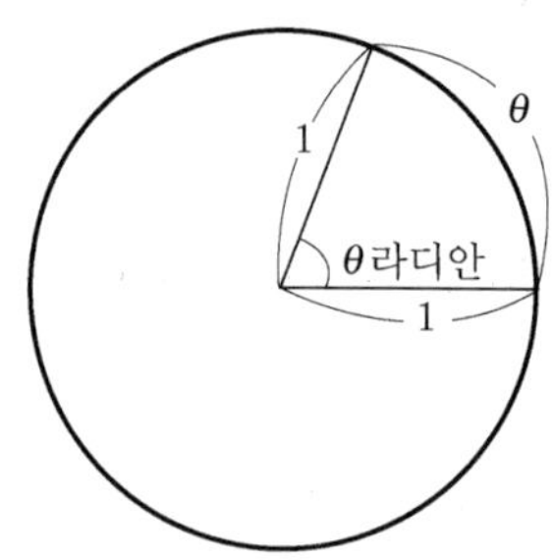

일반적으로 단위원에서 반지름이 1인 부채꼴의 호의 길이가 θ일 때 부채꼴의 중심각을 θ라디안이라고 정의한다.

반원의 둘레길이가 π이므로 $180° = \pi$라디안이 된다. 즉

$$180° = \pi \text{라디안}$$

이 식을 이용하면 다음 중요각도에 대한 라디안 값을 계산할 수 있다. 이제부터 각의 크기를 호도법으로 나타낼 때는 단위(라디안)를 생략하겠다.

30°	45°	60°	90°	180°	270°	360°
$\frac{\pi}{6}$	$\frac{\pi}{4}$	$\frac{\pi}{3}$	$\frac{\pi}{2}$	π	$\frac{3}{2}\pi$	2π

예제 1-49

다음 각도를 호도법으로 변환하여라.

(가) 120° (나) 150° (다) 135°

(라) 225° (마) 300° (바) 315°

(사) 330°

풀이 (가) $120° = 180° - 60°$

$= \pi - \frac{\pi}{3}$

$= \frac{2}{3}\pi$

(나) $150° = 180° - 30°$

$= \pi - \frac{\pi}{6}$

$= \frac{5}{6}\pi$

(다) $135° = 180° - 45°$

$= \pi - \frac{\pi}{4}$

$= \frac{3}{4}\pi$

(라) $225° = 180° + 45°$

$= \pi + \frac{\pi}{4}$

$= \frac{5}{4}\pi$

(마) $300° = 360° - 60°$

$= 2\pi - \frac{\pi}{3}$

$= \frac{5}{3}\pi$

(바) $315° = 360° - 45°$

$$= 2\pi - \frac{\pi}{4}$$

$$= \frac{7}{4}\pi$$

(사) $330° = 360° - 30°$

$$= 2\pi - \frac{\pi}{6}$$

$$= \frac{11}{6}\pi$$

■

1.5.2 삼각함수

평면 위의 점 $P(a,\ b)$는 두 가지 방법으로 인식될 수 있다. 물론 점 $P(a,\ b)$는 원점을 중심으로 x축으로 a만큼, y축으로 b만큼 평행이동했을 때 만들어지는 점이다.

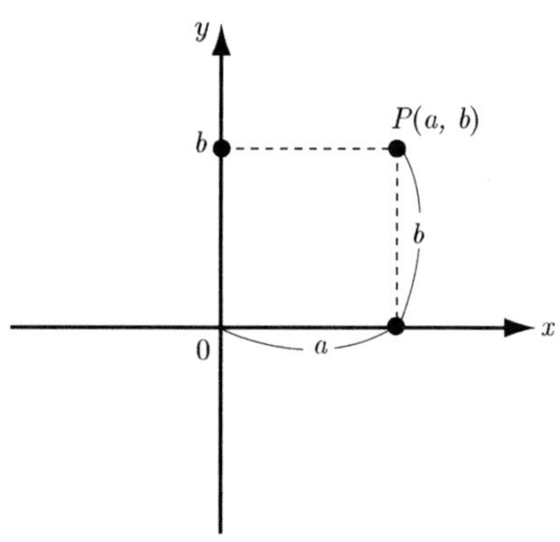

뿐만 아니라 점 $P(a,\ b)$는 원점 $(0,\ 0)$에서 $P(a,\ b)$까지의 거리 r과 x축을 기본축으로 하여 θ만큼 회전했을 때 r과 θ에 의해 결정되는 점으로 정의될 수 있다.

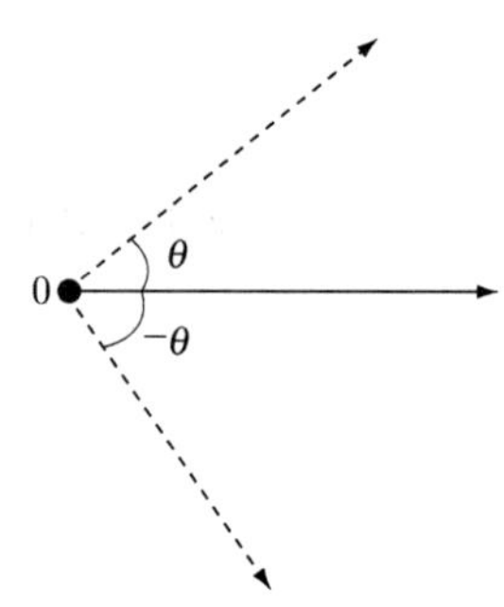

이때 기준점 0와 x축으로 만들어지는 축을 기본축이라 하고, 기본축에서 시계 반대방향으로 회전할 때 생기는 각은 양의 값을 가지며, 기본축에서 시계 방향으로 회전할 때

생기는 각은 음의 값을 갖는다고 정의하겠다.

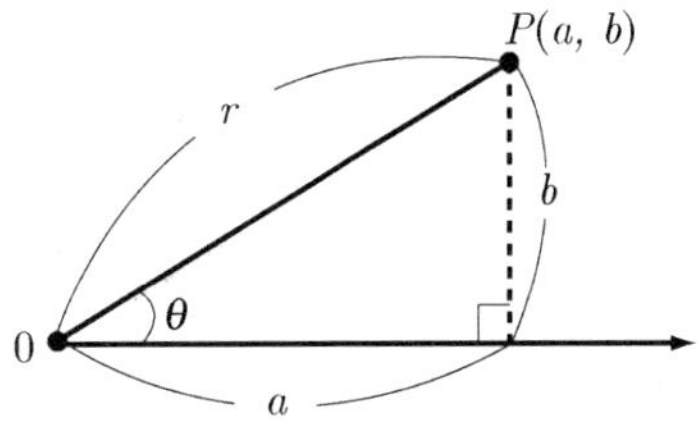

중심점과 $P(a,\ b)$까지의 거리 r은 피타고라스정리를 이용하면 쉽게 얻을 수 있다.

$$r = \sqrt{a^2 + b^2}$$

그러면 $P(a,\ b)$의 x좌표 a, y좌표 b와 θ 사이의 관계를 정의할 필요가 있을 것이다.

$$\sin\theta = \frac{b}{r},$$

$$\cos\theta = \frac{a}{r},$$

$$\tan\theta = \frac{b}{a}$$

이며

$$\mathrm{cosec}\theta = \frac{1}{\sin\theta},$$

$$\sec\theta = \frac{1}{\cos\theta},$$

$$\cot\theta = \frac{1}{\tan\theta}$$

이므로

$$\mathrm{cosec}\theta = \frac{r}{b},$$

$$\sec\theta = \frac{r}{a},$$

$$\cot\theta = \frac{a}{b}$$

가 된다.

여기서 $\sin\theta$, $\cos\theta$, $\tan\theta$, $\mathrm{cosec}\theta$, $\sec\theta$, $\cot\theta$를 삼각함수라고 말한다.

삼각함수의 정의에 의해 다음 관계식을 얻게 된다.

$$\begin{aligned}\sin^2\theta+\cos^2\theta &= \frac{b^2}{r^2}+\frac{a^2}{r^2}\\ &= \frac{a^2+b^2}{r^2}\\ &= \frac{r^2}{r^2}\\ &= 1,\end{aligned}$$

즉

$$\sin^2\theta+\cos^2\theta=1$$

$$\begin{aligned}1+\tan^2\theta &= 1+\frac{b^2}{a^2}\\ &= \frac{a^2+b^2}{a^2}\\ &= \left(\frac{r}{a}\right)^2\\ &= \sec^2\theta,\end{aligned}$$

즉

$$1+\tan^2\theta=\sec^2\theta$$

$$\begin{aligned}1+\cot^2\theta &= 1+\frac{a^2}{b^2}\\ &= \left(\frac{r}{b}\right)^2\\ &= \operatorname{cosec}^2\theta,\end{aligned}$$

즉

$$1+\cot^2\theta=\operatorname{cosec}^2\theta$$

또한

$$\begin{aligned}\tan\theta &= \frac{b}{a}=\frac{\frac{b}{r}}{\frac{a}{r}}\\ &= \frac{\sin\theta}{\cos\theta}\end{aligned}$$

즉

$$\tan\theta = \frac{\sin\theta}{\cos\theta}$$

이다.

중요한 각도에 대한 삼각함수의 값을 계산하는 방법을 소개하겠다. 직각삼각형을 이용한 피타고라스정리에 따라 계산을 유도하게 된다.

먼저 한 변의 길이가 2인 정삼각형을 생각해보자.

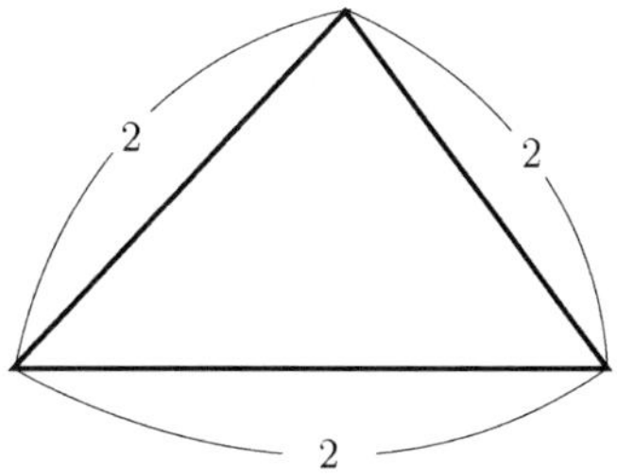

위의 정삼각형을 반으로 나누면 아래 그림과 같은 직각삼각형을 얻게 된다.

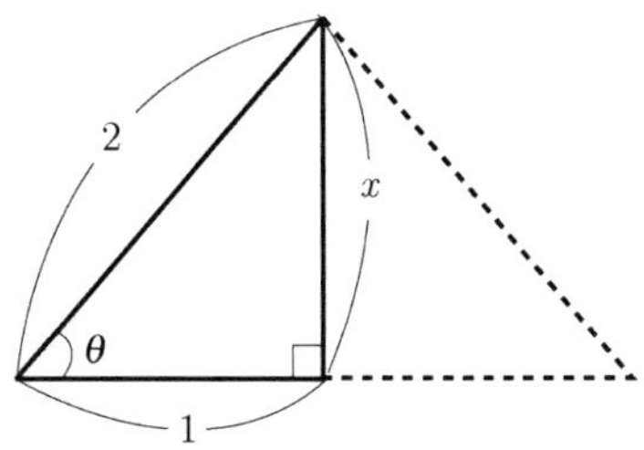

이 때 직각삼각형의 높이 x는 피타고라스정리에 의해

$$\begin{aligned} x^2 &= 2^2 - 1^2 \\ &= 3 \end{aligned}$$

$x = \sqrt{3}$ 을 얻을 수 있다.

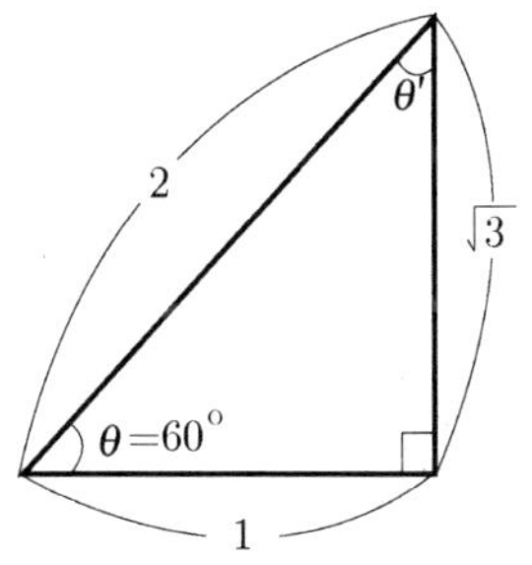

이때 $\theta' = 30^\circ$ 가 된다. 왜냐하면 삼각형의 내각의 합이 180°이기 때문이다.

그러므로

$$\sin 60^\circ = \frac{\sqrt{3}}{2},$$

$$\cos 60^\circ = \frac{1}{2},$$

$$\tan 60^\circ = \sqrt{3}$$

을 얻게 된다.

뿐만 아니라 30°에 대한 삼각함수의 값도 계산할 수 있다.

$$\sin 30^\circ = \frac{1}{2},$$

$$\cos 30^\circ = \frac{\sqrt{3}}{2},$$

$$\tan 30^\circ = \frac{1}{\sqrt{3}}$$

$\theta = 45^\circ$에 대한 삼각함수의 값은 한 변의 길이가 1인 정사각형을 가지고 유도할 수 있다.

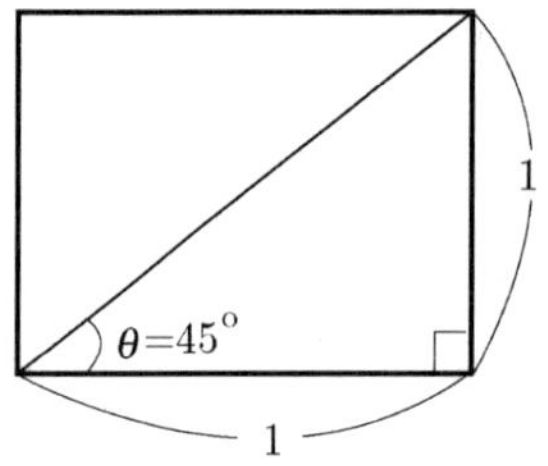

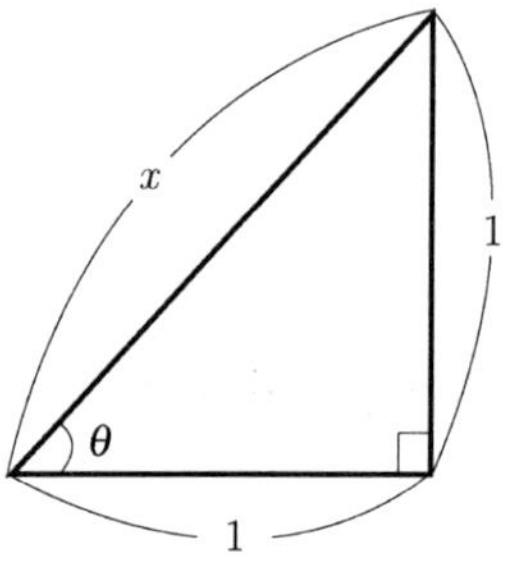

위의 그림에서 피타고라스정리를 이용하면 x값 $\sqrt{2}$를 얻게 된다.

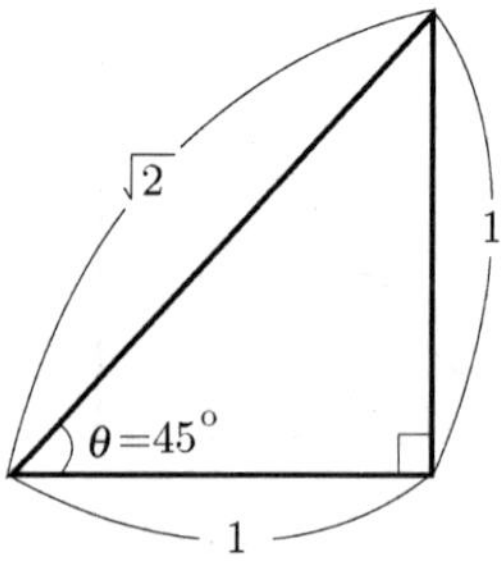

그러므로

$$\sin 45° = \frac{1}{\sqrt{2}},$$

$$\cos 45° = \frac{1}{\sqrt{2}},$$

$$\tan 45° = 1$$

을 얻게 된다.

이제 $\theta = \frac{\pi}{2}$, π, 2π에 대한 삼각함수의 값을 계산해보자.

$r = 1$이라고 가정하겠다.

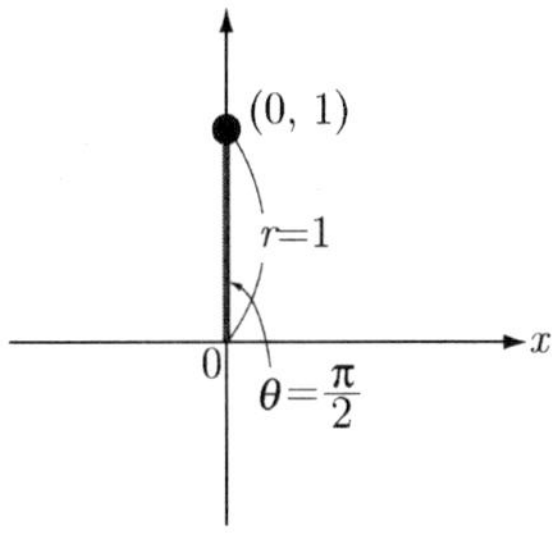

$$\sin\frac{\pi}{2} = \frac{y\text{ 좌표}}{r} = \frac{1}{1} = 1,$$

$$\cos\frac{\pi}{2} = \frac{x\text{ 좌표}}{r} = \frac{0}{1} = 0,$$

$$\tan\frac{\pi}{2} = \frac{\sin\frac{\pi}{2}}{\cos\frac{\pi}{2}} = \frac{1}{0} = \pm\infty,$$

$$\sin\pi = \frac{y\text{ 좌표}}{r} = \frac{0}{1} = 0,$$

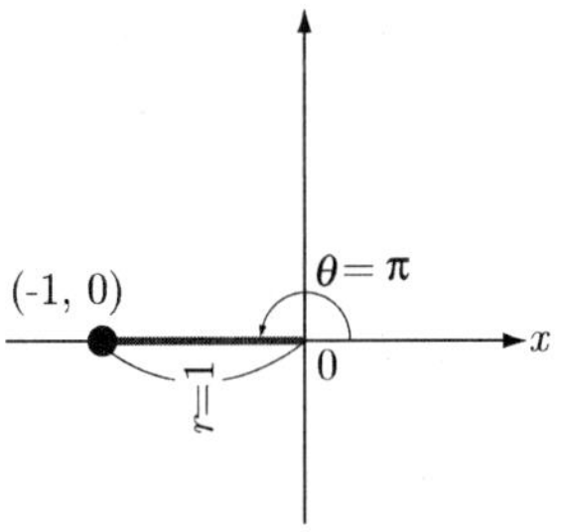

$$\cos\pi = \frac{x\text{ 좌표}}{r} = \frac{-1}{1},$$

$$\sin\frac{3}{2}\pi = \frac{y\ 좌표}{r} = \frac{-1}{1} = -1,$$

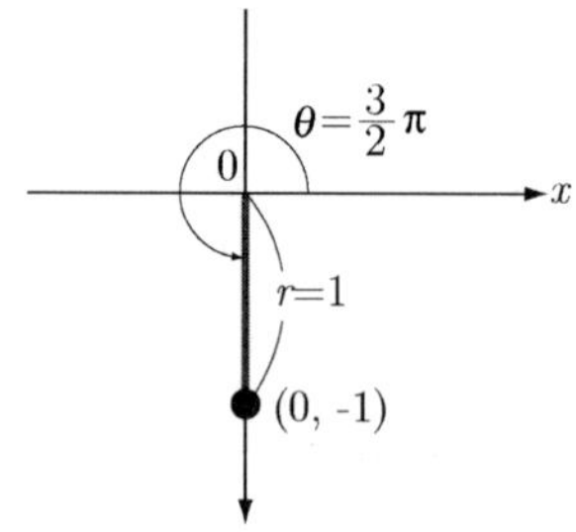

$$\cos\frac{3}{2}\pi = \frac{x\ 좌표}{r} = \frac{0}{1} = 0,$$

$$\tan\frac{3}{2}\pi = \frac{\sin\frac{3}{2}\pi}{\cos\frac{3}{2}\pi} = \pm\infty,$$

$$\sin 2\pi = \frac{0}{1} = 0,$$

$$\cos 2\pi = \frac{1}{1} = 1,$$

$$\tan 2\pi = \frac{0}{1} = 0$$

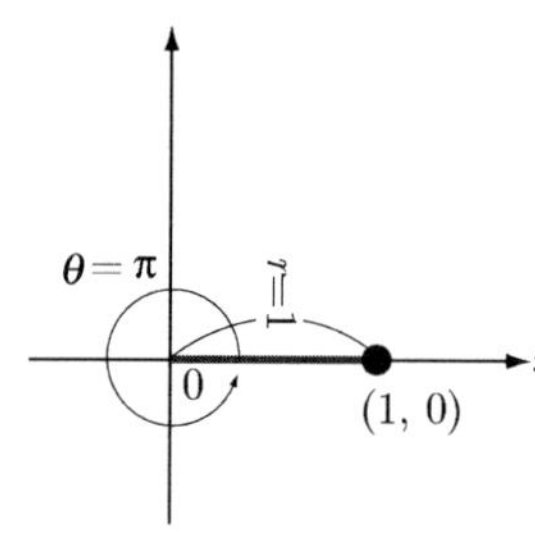

I 사분면($0 \le \theta \le 90°$)에서의 삼각함수의 값을 정리하면 다음 표와 같다.

θ	0	$\frac{\pi}{6}$	$\frac{\pi}{4}$	$\frac{\pi}{3}$	$\frac{\pi}{2}$
$\sin\theta$	0	$\frac{1}{2}$	$\frac{1}{\sqrt{2}}$	$\frac{\sqrt{3}}{2}$	1
$\cos\theta$	1	$\frac{\sqrt{3}}{2}$	$\frac{1}{\sqrt{2}}$	$\frac{1}{2}$	0
$\tan\theta$	0	$\frac{1}{\sqrt{3}}$	1	$\sqrt{3}$	$\pm\infty$

다음은 θ가 Ⅱ사분면에 있을 때 삼각함수값을 살펴보겠다.

예를 들어, $\theta = \frac{5}{6}\pi$일 때 삼각함수값을 계산해보자.

$$\sin\frac{5}{6}\pi = \frac{1}{2},$$

$$\cos\frac{5}{6}\pi = \frac{-\sqrt{3}}{2},$$

$$\tan\frac{5}{6}\pi = \frac{1}{-\sqrt{3}}$$

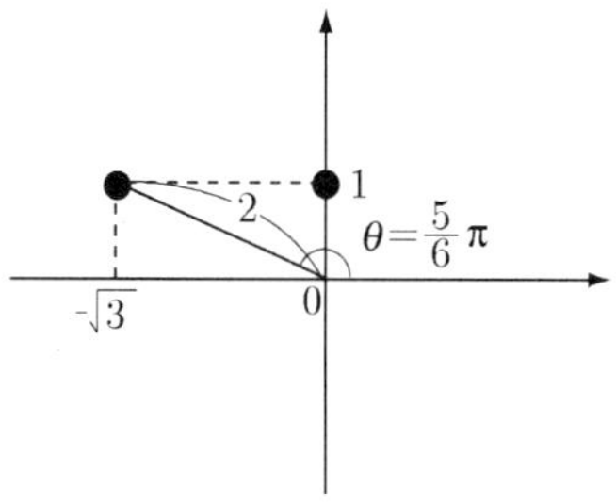

그러므로 Ⅱ사분면에서 $\sin\theta > 0$이고 $\cos\theta$, $\tan\theta < 0$이다.

예제 1-50

다음을 계산하여라.

(가) $\sin\frac{2}{3}\pi$ (나) $\cos\frac{2}{3}\pi$ (다) $\tan\frac{2}{3}\pi$

풀이 (가) $\left|\sin\frac{2}{3}\pi\right| = \sin\frac{\pi}{3} = \frac{\sqrt{3}}{2}$

Ⅱ사분면에 있는 θ에 대해 $\sin\theta > 0$이므로

$$\sin\frac{2}{3}\pi = \frac{\sqrt{3}}{2}$$

(나) $\left|\cos\frac{2}{3}\pi\right| = \cos\frac{\pi}{3} = \frac{1}{2}$

그러나 $90° < \theta < 180°$에서 $\cos\theta < 0$이므로

$$\cos\frac{2}{3}\pi = -\frac{1}{2}$$

(다) $\left|\tan\frac{2}{3}\pi\right| = \tan\frac{\pi}{3} = \sqrt{3}$

그러나 $90° < \theta < 180°$에서 $\tan\theta < 0$이므로

$$\tan\frac{2}{3}\pi = -\sqrt{3}$$

■

다음은 θ가 Ⅲ사분면($180° < \theta < 270°$)에 있을 때 삼각함수값을 살펴보겠다.

θ가 Ⅱ사분면에 있을 때 삼각함수값의 부호를 결정하는 것은 x좌표에 의해서였다.

그래서 x좌표에 영향을 받는 $\cos\theta$와 $\tan\theta$가 음수값을 가졌다.

비슷한 방법으로 생각 해 보면 Ⅲ사분면에서 x좌표와 y좌표 모두 음수이므로 $\tan\theta > 0$이지만 $\sin\theta$나 $\cos\theta$는 음수가 된다.

왜냐하면 $\sin\theta = \frac{b}{r}$, $\cos\theta = \frac{a}{r}\,(r > 0)$이기 때문이다.

예제 1-51

다음을 계산하여라.

(가) $\sin\frac{7}{6}\pi$　　(나) $\cos\frac{7}{6}\pi$　　(다) $\tan\frac{7}{6}\pi$

(라) $\sin\frac{5}{4}\pi$　　(마) $\cos\frac{5}{4}\pi$　　(바) $\tan\frac{5}{4}\pi$

풀이 (가) $\sin\frac{7}{6}\pi = -\sin\frac{\pi}{6}$

$= -\frac{1}{2}$

(나) $\cos\frac{7}{6}\pi = -\cos\frac{\pi}{6}$

$= -\frac{\sqrt{3}}{2}$

(다) $\tan\frac{7}{6}\pi = \tan\frac{\pi}{6}$

$= \frac{1}{\sqrt{3}}$

(라) $\sin\frac{5}{\pi} = -\sin\frac{\pi}{4}$

$= -\frac{1}{\sqrt{2}}$

(마) $\cos\frac{5}{4}\pi = -\cos\frac{\pi}{4}$

$= -\frac{1}{\sqrt{2}}$

(바) $\tan\frac{5}{4}\pi = \tan\frac{\pi}{4}$

$= 1$

다음의 θ가 Ⅳ사분면에 있을 때 삼각함수값의 부호를 결정하는 것은 y좌표 b이다. 그러므로 $\sin\theta = \dfrac{b}{r}$이고 $\tan\theta = \dfrac{b}{a}$이므로 $\sin\theta$와 $\tan\theta$는 음수가 된다.

예제 1-52

다음을 계산하여라.

(가) $\sin\dfrac{11}{6}\pi$　　　(나) $\cos\dfrac{5}{3}\pi$　　　(다) $\tan\dfrac{7}{4}\pi$

풀이 (가) $\sin\dfrac{11}{6}\pi = -\sin\dfrac{\pi}{6}$

$$= \frac{1}{2}$$

(나) $\cos\dfrac{5}{3}\pi = \cos\dfrac{\pi}{3}$

$$= \frac{1}{2}$$

(다) $\tan\dfrac{7}{4}\pi = -\tan\dfrac{\pi}{4}$

$$= -1$$

1.5.3 삼각함수의 성질

$0 < \theta < 90°$라고 할 때,

(1) $\sin(\theta + 2\pi) = \sin\theta$

즉 sine함수는 주기가 2π이다.

(2) $\cos(\theta + 2\pi) = \cos\theta$

즉 cosine함수의 주기도 2π이다.

(3) $\tan(\theta + \pi) = \tan\theta$

즉 tangent함수의 주기는 π이다.

(4) $\sin(-\theta) = -\sin\theta$

즉 sine함수는 기함수이며 그래서 그래프는 원점에 대칭이다.

($\because$ $-\theta$가 Ⅳ사분면의 각이므로 $\sin(-\theta) < 0$이고 $|\sin(-\theta)| = \sin\theta$이다)

(5) $\cos(-\theta) = \cos\theta$

즉 cosine함수는 우함수이므로 cosine함수의 그래프는 y축에 대칭이다.

(∵ $-\theta$가 Ⅳ사분면의 각이므로 $\cos(-\theta) > 0$이고 $|\cos(-\theta)| = \cos\theta$이다)

(6) $-1 \le \sin\theta \le 1,\ -1 \le \cos\theta \le 1$

즉 sine함수와 cosine함수의 최댓값은 1이며 최솟값은 -1이다.

(7) $-\infty < \tan\theta < \infty$

예제 1-53

다음 함수의 정의역과 치역을 구하여라.

(가) $y = \sin 2\theta$ (나) $y = 2\cos 3\theta$

풀이 (가) $\sin 2\theta$의 주기가 $\sin\theta$의 $\frac{1}{2}$배인 π이지만 정의역과 치역은 $\sin\theta$와 같다.

그러므로 정의역은 $\mathbb{R}$, 치역은 $\{y \in \mathbb{R} \mid -1 \le y \le 1\}$이다.

(나) $\cos 3\theta$의 주기가 $\cos\theta$의 $\frac{1}{3}$배인 $\frac{2}{3}\pi$이지만 정의역은 $\cos\theta$와 같다.

그러나 $2\cos 3\theta$의 치역은 $\cos\theta$의 두배이므로 정의역은 $\mathbb{R}$이고 치역은 $\{y \in \mathbb{R} \mid -2 \le y \le 2\}$이다.

■

1.5.4 삼각함수의 그래프

앞의 단락에서 삼각함수의 값들을 계산하였다. 이것을 바탕으로 삼각함수의 그래프를 그릴 수 있을 것이다.

(1) $y = \sin\theta$의 그래프는 다음과 같다.

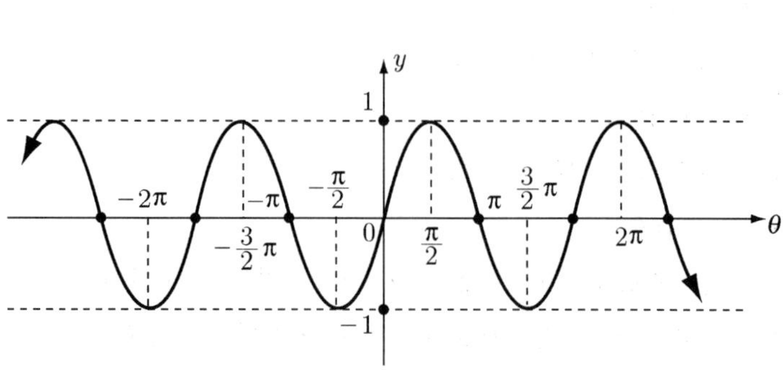

(2) $y=\cos\theta$의 그래프는 다음과 같다.

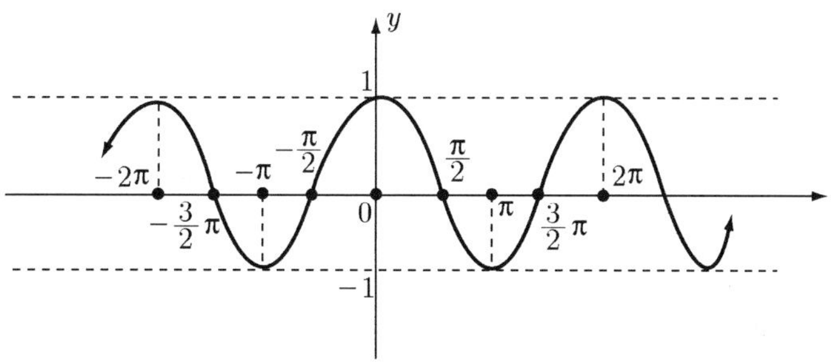

(3) $y=\tan\theta$의 그래프는 다음과 같다.

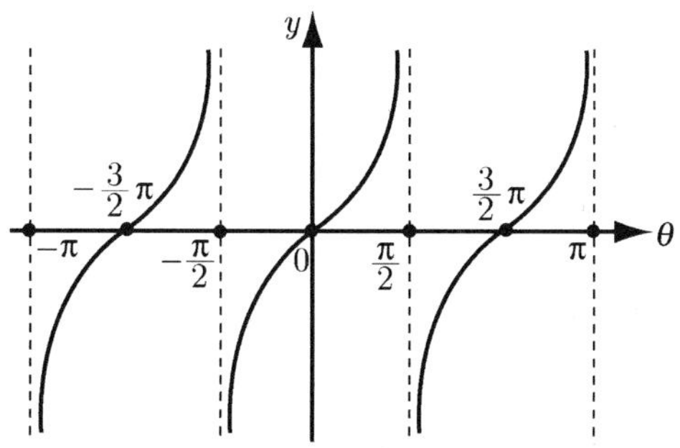

연습문제 1-5 Exercises

1. 다음을 계산하여라.

(가) $\sin\frac{3}{4}\pi$

(나) $\cos\frac{19}{6}\pi$

(다) $\tan\left(-\frac{\pi}{3}\right)$

(라) $\sec\left(\frac{7}{6}\pi\right)$

(마) $\cot\left(\frac{3\pi}{4}\right)$

(바) $\operatorname{cosec}\left(\frac{5}{6}\pi\right)$

(사) $\sin\left(\frac{3}{8}\pi\right)\cos\left(\frac{3\pi}{8}\right)$

(아) $\sin\left(\frac{5}{12}\pi\right)\sin\left(\frac{1}{4}\pi\right)$

2. 다음 조건을 만족하는 θ를 구하여라.

(가) $\cos\theta = -\frac{\sqrt{3}}{2} \quad (0 < \theta < \pi)$

(나) $\sin\theta = \frac{1}{2} \quad \left(\frac{\pi}{2} < \theta < \frac{3}{2}\pi\right)$

(다) $\tan\theta = -\frac{1}{\sqrt{3}} \quad \left(-\frac{\pi}{2} < \theta < \frac{\pi}{2}\right)$

3. 다음 함수의 정의역과 치역을 구하여라.

(가) $y = 2\sin(2x)$

(나) $y = 3\cos\left(\frac{x}{2}\right)$

(다) $y = 4\tan x$

Chapter 02 함수의 극한

2.1 극한

함수 $y=f(x)$의 정의역을 D라고 하자. 만일 x가 x_0에 충분히 접근할 때, $f(x)$가 어떤 값에 접근하는지를 생각 해 보자.

이때 $x_0 \in D$이거나 $x_0 \notin D$이다. x가 x_0로 충분히 접근한다는 것이 반드시 $x=x_0$일 필요는 없다. 기호로 $x \to x_0$라고 표현한다. 이 기호의 의미는 두 가지 가능성을 가진다. 즉 $x<x_0$이거나 $x>x_0$이다. 그러나 $x \approx x_0$라는 의미도 포함한다.

위의 내용을 정리하면, $x \to x_0$일 때 $f(x) \to f(x_0)$라고 하며 다음과 같이 표현할 것이다.

$$\lim_{x \to x_0} f(x) = f(x_0)$$

이때 $f(x_0)$를 극한(극한값)이라고 말하고 극한값이 존재하기 위해서는 $|f(x_0)| < \infty$이며 x가 x_0로 충분히 접근할 때 극한값 $f(x_0)$가 유일한 값이어야 한다.

x가 x_0로 접근하는 두 가지 방법이 있을 수 있는데 하나는 x가 x_0의 왼쪽에서 접근하는 방법이며 다른 하나는 x가 x_0의 오른쪽에서 접근하는 방법이다. 전자의 경우 기호로 $x \to x_0^-$라고 표시하고, 후자의 경우 기호로 $x \to x_0^+$라고 표시한다.

$\lim_{x \to x_0^-} f(x)$를 좌극한값이라고 말하고,

$\lim_{x \to x_0^+} f(x)$를 우극한값이라고 말한다.

즉 $\lim_{x \to x_0} f(x) = f(x_0)$라고 한다면, (물론 $|f(x_0)| < \infty$)

$$\lim_{x \to x_0^-} f(x) = f(x_0) = \lim_{x \to x^+} f(x)$$

를 만족해야 한다.

예를 들어, $f(x)=\dfrac{x^2-1}{x-1}$를 가지고 x가 1로 충분히 접근할 때 극한값이 존재하는지 아니면 존재하지 않는지 살펴보겠다.

$f(x)$의 정의역 $D=\{x\in\mathbb{R}\mid x\neq 1\}$이다.

그래서 함수값 $f(1)$은 정의되지 않는다.

즉 $f(1)$은 존재하지 않는다.

이 함수의 그래프를 그리면,

$x\neq 1$인 경우에, ($x=1$을 제외)

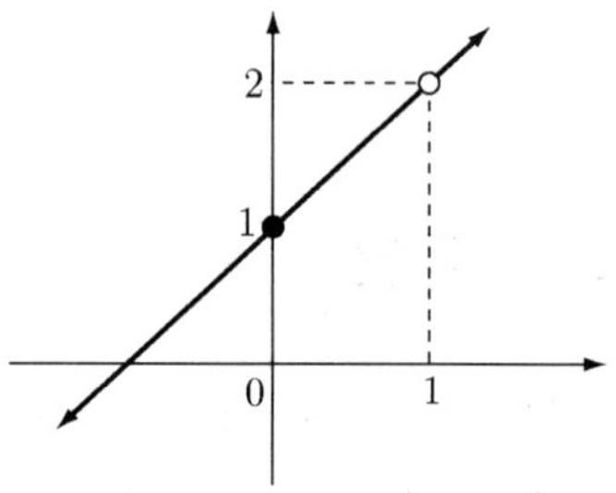

$$\begin{aligned} f(x) &= \frac{x^2-1}{x-1} \\ &= \frac{(x-1)(x+1)}{x-1} \\ &= x+1 \end{aligned}$$

x가 1로 충분히 접근하면, $f(x)$는 2로 가까이 접근한다.

그러므로 함수값 $f(1)$이 정의되지 않지만 극한값이 존재한다. 즉

$$\lim_{x\to 1}\frac{x^2-1}{x-1}=2$$

함수 $f(x)$는 $x=1$에서 불연속이지만 만일 $x=1$에서 함수값이 정의된다면, $f(x)$는 연속함수($f(x)=x+1$)가 될 것이다.

다시 말해서 모든 정의역에 속한 x_0값에서 극한값 $f(x_0)$와 함수값 $f(x_0)$가 같다면 $f(x)$는 연속함수가 된다. 역도 가능하다.

예제 2-1

$f(x)=\dfrac{|x|}{x}$의 그래프를 그리고 $\lim\limits_{x\to 0}f(x)$, $\lim\limits_{x\to 1}f(x)$를 구하여라.

풀이 $f(x)=\dfrac{|x|}{x}$의 정의역은 $D=\{x\in\mathbb{R}\mid x\neq 0\}$이다.

즉 $f(6)$에서만 정의되지 않는다.

그러므로 $x\neq 0$인 모든 x에 대해

$$f(x)=\begin{cases}-1, & x<0\\ 1, & x>0\end{cases}$$

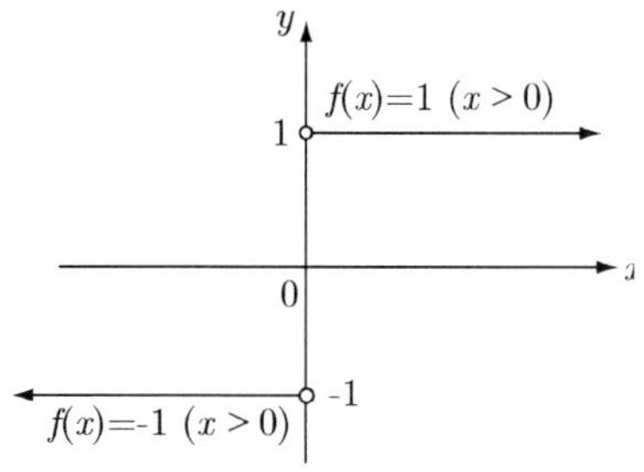

$\lim_{x \to 0} \frac{|x|}{x}$를 계산해보자.

$$\begin{aligned}\lim_{x \to 0^-} \frac{|x|}{x} &= \lim_{x \to 0^-} \frac{-x}{x} \\ &= -1, \\ \lim_{x \to 0^+} \frac{|x|}{x} &= \lim_{x \to 0^+} \frac{x}{x} \\ &= 1\end{aligned}$$

그러므로

$$\lim_{x \to 0^-} f(x) \neq \lim_{x \to 0^+} f(x)$$

이므로 $\lim_{x \to 0} f(x)$는 존재하지 않는다.

$$\lim_{x \to 1} f(x) = \lim_{x \to 1} \frac{x}{x} = 1$$

■

예제 2-2

$\lim_{x \to 0} (x^2 + 2x - 1)$을 계산하여라.

풀이 $f(x) = x^2 + 2x - 1$은 다항식이고 다항식은 모든 x 값에서 정의되므로 불연속점이 없다. 즉 $f(x)$는 모든 실수값에 대해 연속함수이다.

그러므로 $\lim_{x \to 0} x^2 + 2x - 1 = f(0)$이고 $f(0) = -1$이다. 즉 극한값은 -1이다.

우리는 함수의 극한을 이용하여 어떤 특정한 값에서 연속인지 불연속인지 알 수 있다.

함수 $f(x)$가 $x=x_0$에서 연속이기 위해서 다음 세 가지 조건을 만족해야 한다.

① 함수값 $f(x_0)$가 존재하며

② 극한값 $\lim_{x \to x_0} f(x)$가 존재하고,

③ $\lim_{x \to x_0} f(x) = f(x_0)$, 즉 극한값과 함수값이 같아야 한다.

예제 2-3

다음 극한값을 구하여라.

(가) $\lim_{x \to 1} \frac{x^3-1}{x-1}$　　(나) $\lim_{x \to -2} \frac{x^2-4}{x+2}$

풀이 (가)
$$\lim_{x \to 1} \frac{x^3-1}{x-1} = \lim_{x \to 1} \frac{(x-1)(x^2+x+1)}{x-1}$$
$$= \lim_{x \to 1}(x^2+x+1)$$
$$= 1^2+1+1$$
$$= 3$$

(나)
$$\lim_{x \to -2} \frac{x^2-4}{x+2} = \lim_{x \to -2} \frac{(x+2)(x-2)}{x+2}$$
$$= \lim_{x \to -2}(x-2)$$
$$= -4$$

두 함수 $y=f(x)$, $y=g(x)$가 있다고 하자.

이 때 $\lim_{x \to a} f(x) = L_1$, $\lim_{x \to a} g(x) = L_2$이라고 하면,

① $\lim_{x \to a} \{f(x) \pm g(x)\} = L_1 \pm L_2$(복호동순)

② $\lim_{x \to a} \{f(x)g(x)\} = L_1 L_2$

③ $\lim_{x \to a} \left\{\frac{g(x)}{f(x)}\right\} = \frac{L_2}{L_1}$　$(f(x) \neq 0,\ L_1 \neq 0)$

④ $\lim_{x \to a} \{cf(x)\} = cL_1$　(c : 상수)

예제 2-4

다음 극한값을 국하여라.

(가) $\lim_{x\to\infty}\frac{x-1}{x+1}$ (나) $\lim_{x\to 1}\frac{x^2-1}{2x^2-x-1}$

(다) $\lim_{x\to\infty}\frac{3x-5}{4x+1}$ (라) $\lim_{x\to\infty}(\sqrt{x}-\sqrt{x+1})$

풀이 (가) $\lim_{x\to\infty}\frac{x-1}{x+1}=\lim_{x\to\infty}\frac{1-\frac{1}{x}}{1+\frac{1}{x}}$

$$=\frac{1-0}{1+0}$$

$$=1$$

(나) $\lim_{x\to 1}\frac{x^2-1}{2x^2-x-1}=\lim_{x\to 1}\frac{(x-1)(x+1)}{(2x+1)(x-1)}$

$$=\lim_{x\to 1}\frac{x+1}{2x+1}$$

$$=\frac{2}{3}$$

(다) $\lim_{x\to\infty}\frac{3-\frac{5}{n}}{4+\frac{1}{n}}=\lim_{x\to\infty}\frac{3}{4}$

$$=\frac{3}{4}$$

(라) $\lim_{x\to\infty}(\sqrt{x}-\sqrt{x+1})=\lim_{x\to\infty}\frac{(\sqrt{x}-\sqrt{x+1})(\sqrt{x}+\sqrt{x+1})}{\sqrt{x}+\sqrt{x+1}}$

$$=\lim_{x\to\infty}\frac{-1}{\sqrt{x}+\sqrt{x+1}}$$

$$=0$$

예제 2-5

다음 함수가 연속이 되도록 a값을 구하여라.

$$f(x)=\begin{cases} ax-1, & x\le 2 \\ -ax+2, & x>2 \end{cases}$$

풀이 함수 $f(x)$는 $x\neq 2$인 모든 점에서 연속이다. 그러므로 $x\to 2$일 때 극한값을 계산해야 한다.

$\lim_{x\to 2^{-1}} f(x)=\lim_{x\to 2^{+}} f(x)$이어야 한다.

$$\begin{aligned}\lim_{x\to 2^{-}} f(x) &= \lim_{x\to 2^{-}}(ax-1) \\ &= 2a-1, \\ \lim_{x\to 2^{+}} f(x) &= \lim_{x\to 2^{+}}(-ax+2) \\ &= -2a+2,\end{aligned}$$

따라서 $2a-1=-2a+2$를 만족하는 a를 찾으면 $a=\dfrac{3}{4}$이다.

연습문제 2-1 Exercises

1. $\lim_{x\to a} f(x)=2$, $\lim_{x\to a} g(x)=-3$, $\lim_{x\to a} h(x)=0$

이라고 가정했을 때, 다음 극한값을 구하여라.

(가) $\lim_{x\to a}\{f(x)-g(x)\}$

(나) $\lim_{x\to a}\dfrac{1}{g(x)}$

(다) $\lim_{x\to a}\dfrac{f(x)}{g(x)}$

(라) $\lim_{x\to a}\dfrac{g(x)}{h(x)}$

(마) $\lim_{x\to a}\{f(x)\}^3$

(바) $\lim_{x\to a}\dfrac{g(x)}{2f(x)+g(x)}$

2. 다음 극한값을 구하여라.

(가) $\lim_{x \to -1} (2x^3 - 3x^2 + x - 5)$

(나) $\lim_{x \to 2} (x-1)^2 (x+1)^3$

(다) $\lim_{t \to 1} \sqrt{t^2 - t + 4}$

(라) $\lim_{x \to 2} \frac{x^2 - x - 2}{x - 2}$

(마) $\lim_{x \to 4} \frac{x^2 - 4x}{x^2 - 3x - 4}$

(바) $\lim_{r \to 0} \frac{(2-h)^2 - 4}{r}$

(사) $\lim_{x \to \infty} \sin\frac{1}{x}$

(아) $\lim_{x \to \infty} \sin x$

3. 다음을 증명해보아라.

(가) $\lim_{x \to 0} x^2 \cos 10\pi x = 0$

(나) $\lim_{x \to 0} x \sin\left(\frac{1}{x}\right) = 0$

4. 함수 $g(x)$를 다음과 같이 정의하자.

$$g(x) = \begin{cases} -x & (x \leq -1) \\ 1 - x^2 & (-1 < x < 1) \\ x - 1 & (x > 1) \end{cases}$$

다음 극한값을 구하여라.

(가) $\lim_{x \to 1^+} g(x)$

(나) $\lim_{x \to 1} g(x)$

(다) $\lim_{x \to 0} g(x)$

(라) $\lim_{x \to 1^-} g(x)$

(마) $\lim_{x \to -1} g(x)$

2.2 미분계수와 변화율

$y=f(x)$의 그래프를 곡선 C라고 하자. 이 곡선 위의 두 점 P, Q를 잇는 직선의 방정식을 구하려면 이 직선의 기울기 m을 계산해야 할 것이다.

$P=(a,\ f(a))$, $Q=(b,\ f(b))$라고 가정할 때

$$m=\frac{f(b)-f(a)}{b-a}$$

우리는 기울기 m을 평균변화율이라고 말한다.

그러므로 P, Q를 잇는 직선의 방정식은

$$y-f(a)=\frac{f(b)-f(a)}{b-a}(x-a)$$

이다.

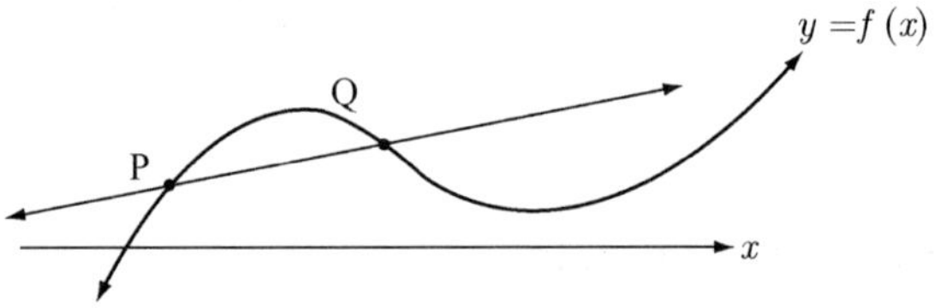

예제 2-6

두 점 $(1,\ 2)$와 $(-2,\ 3)$을 지나는 직선의 평균변화율과 직선의 방정식을 구하여라.

풀이 평균변화율은 직선의 기울기에 해당된다.

직선의 기울기를 m이라 하자.

$$m=\frac{3-2}{-2-1}=-\frac{1}{3}$$

직선의 방정식은 $y-2=-\frac{1}{3}(x-1)$이므로

$$y=-\frac{1}{3}x+\frac{7}{3}$$

이다.

예제 2-7

다음 주어진 함수에서 x값이 1에서 3까지 변화할 때 평균변화율을 구하여라.

(가) $f(x)=x^2$ (나) $f(x)=\sqrt{x}$

풀이 평균변화율을 m이라 하자.

(가) $m=\dfrac{f(3)-f(1)}{3-1}=\dfrac{8}{2}=4$

(나) $m=\dfrac{\sqrt{3}-1}{3-1}=\dfrac{\sqrt{3}-1}{2}$

■

함수 $y=f(x)$ 위의 두 점 P, Q를 잇는 직선의 기울기가 평균변화율임을 앞에서 살펴보았다. 여기서는 점 Q가 $y=f(x)$를 따라서 점 P에 충분히 접근할 때 두 점을 잇는 직선이 주는 의미를 생각해보겠다.

Δx는 x의 변화량이고 Δy는 y의 변화량을 기호로 표현한 것이다. 그러므로 Q가 P로 충분히 접근할 때 $\dfrac{\Delta y}{\Delta x}$의 극한값을 계산해보자.

즉 $\lim\limits_{b\to a}\dfrac{f(b)-f(a)}{b-a}$를 계산할 것이다.

$b-a=\Delta x$이므로,

$$\lim_{b\to a}\frac{f(b)-f(a)}{b-a}=\lim_{\Delta x\to 0}\frac{f(a+\Delta x)-f(a)}{\Delta x}$$

이 극한값을 $x=a$에서 $y=f(x)$의 미분계수 또는 순간변화율이라고 말하고 기호로 $f'(a)$라고 표시한다.

$$f'(a)=\lim_{\Delta x\to 0}\frac{f(a+\Delta x)-f(a)}{\Delta x}$$

이 때 $\Delta x=h$라 놓으면 $f'(a)$값이 간단하게 정의 될 것이다.

$$f'(a)=\lim_{h\to 0}\frac{f(a+h)-f(a)}{h}$$

예제 2-8

다음 주어진 x 값에서 함수의 미분계수를 구하여라.

(가) $f(x)=x^2+1$, $x=2$;

(나) $f(x)=x^2-8x+9$, $x=1$;

(다) $f(x)=\sqrt{x+1}$, $x=0$;

(라) $f(x)=\dfrac{x-1}{x-2}$, $x=3$;

풀이 (가)
$$\begin{aligned} f'(2) &= \lim_{h\to 0}\frac{f(2+h)-f(2)}{h} \\ &= \lim_{h\to 0}\frac{(2+h)^2+1-5}{h} \\ &= \lim_{h\to 0}\frac{4h+h^2}{h} \\ &= \lim_{h\to 0}(4+h) \\ &= 4 \end{aligned}$$

(나)
$$\begin{aligned} f'(1) &= \lim_{h\to 0}\frac{f(1+h)-f(1)}{h} \\ &= \lim_{h\to 0}\frac{1}{h}\{(1+h)^2-8(1+h)+9-2\} \\ &= \lim_{h\to 0}\frac{1}{h}(h^2-6h) \\ &= \lim_{h\to 0}(h-6) \\ &= -6 \end{aligned}$$

(다)
$$\begin{aligned} f'(0) &= \lim_{h\to 0}\frac{f(0+h)-f(0)}{h} \\ &= \lim_{h\to 0}\frac{\sqrt{h+1}-1}{h} \\ &= \lim_{h\to 0}\frac{(\sqrt{h+1})-1)(\sqrt{h+1}+1)}{h(\sqrt{h+1}+1)} \\ &= \lim_{h\to 0}\frac{h}{h(\sqrt{h+1}+1)} \\ &= \lim_{h\to 0}\frac{1}{\sqrt{h+1}+1} \\ &= \frac{1}{2} \end{aligned}$$

(라) $f'(3)=\lim_{h\to 0}\frac{f(3+h)-f(3)}{h}$

$=\lim_{h\to 0}\frac{1}{h}\left(\frac{h+2}{h+1}-2\right)$

$=\lim_{h\to 0}\frac{1}{h}\left(\frac{-h}{h+1}\right)$

$=\lim_{h\to 0}\frac{-1}{h+1}$

$=-1$

■

미분계수 $f'(a)$의 기하학적 의미는 $(a,\ f(a))$에서 $y=f(x)$에 대한 접선의 기울기이다.

그러므로 $(a,\ f(a)$에서 $y=f(x)$의 접선의 방정식은 다음과 같다.

$$y-f(a)=f'(a)(x-a)$$

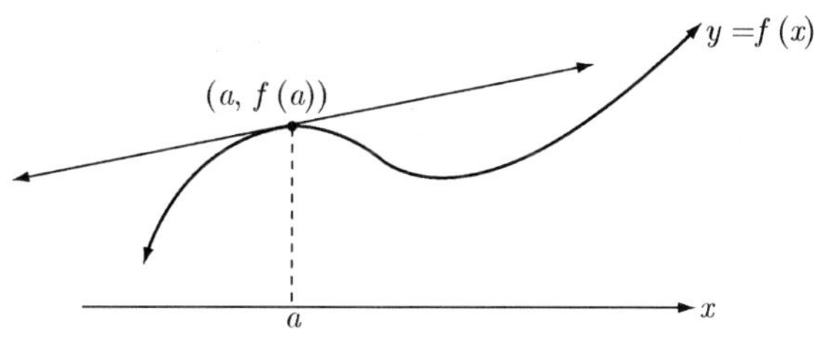

예제 2-9

주어진 점에서 다음 곡선의 접선의 방정식을 구하여라.

(가) $y=x^3-4x$, $(1,\ -3)$;

(나) $y=\frac{1}{x+1}$, $(0,\ 1)$;

(다) $y=2\sqrt{x-1}+1$, $(2,\ 3)$;

풀이 (가) $f'(1)=\lim_{h\to 0}\frac{(1+h)^3-4(1+h)+3}{h}$

$$=\lim_{h\to 0}\frac{h^3+3h^2-h}{h}$$

$$=\lim_{h\to 0}\frac{h(h^2+3h-1)}{h}$$

$$=\lim_{h\to 0}(h^2+3h-1)$$

$$=-1$$

접선의 방정식은 $y+3=-(x-1)$이므로 $y=-x-2$이다.

(나) $f'(0)=\lim_{h\to 0}\frac{\frac{1}{h+1}-1}{h}$

$$=\lim_{h\to 0}\frac{1-(h+1)}{h(h+1)}$$

$$=\lim_{h\to 0}\frac{-1}{h+1}$$

$$=-1$$

접선의 방정식은 $y-1=-(x-0)$이므로 $y=-x+1$이다.

(다) $f'(2)=\lim_{h\to 0}\frac{2\sqrt{(2+h)-1}+1-3}{h}$

$$=\lim_{h\to 0}\frac{2(\sqrt{h+1}-1)}{h}$$

$$=\lim_{h\to 0}\frac{2h}{h(\sqrt{h+1}+1)}$$

$$=\lim_{h\to 0}\frac{2}{\sqrt{h+1}+1}$$

$$=1$$

접선의 방정식은 $y-3=(x-2)$이므로 $y=x+1$이다.

연습문제 2-2 Exercises

1. 다음 함수에서 x값이 1에서 3까지 변할 때 평균변화율을 구하여라.

(가) $y = x^2 + 2x$　　(나) $y = \sqrt{x} + 1$

(다) $y = \dfrac{1}{x+1}$　　(라) $y = x^3$

2. 다음 곡선 위의 주어진 점에서의 접선의 방정식을 구하여라.

(가) $y = x^3 - 2x^2 + 1$, $(1,\ 0)$　　(나) $y = x^2$, $(1,\ 1)$

(다) $y = \dfrac{3}{x}$, $(3,\ 1)$　　(라) $y = x^2 - 8x + 9$, $(3,\ -6)$

(마) $y = \dfrac{x-1}{x-2}$, $(3,\ 2)$

3. 다음 극한은 어떤 함수 f의 a에서의 미분계수를 나타낸 것이다. 각각의 f와 a를 구하여라.

(가) $\displaystyle\lim_{h\to0}\frac{(1+h)^{10}-1}{h}$　　(나) $\displaystyle\lim_{x\to5}\frac{2^x-32}{x-5}$

(다) $\displaystyle\lim_{h\to0}\frac{\cos(\pi+h)+1}{h}$　　(라) $\displaystyle\lim_{t\to1}\frac{t^4+t-2}{t-1}$

4. 다음 함수에서 $f'(0)$의 존재여부를 조사하여라.

(가) $f(x) = \begin{cases} x\sin\left(\dfrac{1}{x}\right) & (x \neq 0) \\ 0 & (x = 0) \end{cases}$

(나) $f(x) = \begin{cases} x^2\sin\left(\dfrac{1}{x}\right) & (x \neq 0) \\ 0 & (x = 0) \end{cases}$

2.3 도함수

x의 고정된 값에서 $y=f(x)$의 미분계수를 이미 앞에서 정의하였다.

$$f'(a)=\lim_{h\to 0}\frac{f(a+h)-f(a)}{h}$$

만일 x의 값이 주어지지 않은 채 위의 식에서 변수 x에 대한 식으로 바꾼다면 다음과 같을 것이다.

$$f'(x)=\lim_{h\to 0}\frac{f(x+h)-f(x)}{h}$$

여기서 $f'(x)$는 변수 x에 대한 새로운 함수로 생각할 수 있다. 이 때 함수 $f'(x)$를 도함수라고 말한다.

x에서 $f'(x)$의 값을 기하학적으로 점 $(x,\ f(x))$에서 f의 그래프에 접하는 접선의 기울기이다.

도함수 f'의 정의역은 $f'(x)$가 존재하는 모든 x의 범위이며 f의 정의역보다 작을 수 있다.

함수 $y=f(x)$의 도함수를 표시하는 기호는 다음과 같다.

$$y',\ f'(x),\ \frac{dy}{dx},\ \frac{df(x)}{dx},\ Df(x)$$

이 때 기호 D와 $\dfrac{d}{dx}$를 미분연산자라고 말한다.

예제 2-10

함수 $y=x^2$의 도함수를 구하여라.

풀이 $f(x)=x^2$이라 할 때,

$$\begin{aligned}f'(x)&=\lim_{h\to 0}\frac{f(x+h)-f(x)}{h}\\&=\lim_{h\to 0}\frac{(x+h)^2-x^2}{h}\\&=\lim_{h\to 0}\frac{2xh+h^2}{h}\\&=\lim_{h\to 0}\frac{h(2x+h)}{h}\end{aligned}$$

$$= \lim_{h \to 0}(2x+h)$$

$$= 2x$$

■

예제 2-11

함수 $f(x) = \sqrt{x}$ 의 도함수를 구하여라.

풀이 $f'(x) = \lim_{h \to 0} \frac{\sqrt{x+h} - \sqrt{x}}{h}$

$$= \lim_{h \to 0} \frac{h}{h(\sqrt{x+h} + \sqrt{x})}$$

$$= \lim_{h \to 0} \frac{1}{\sqrt{x+h} + \sqrt{x}}$$

$$= \frac{1}{2\sqrt{x}}$$

■

예제 2-12

함수 $f(x) = \frac{1}{x}$ 의 도함수를 구하여라.

풀이 $f'(x) = \lim_{h \to 0} \frac{\frac{1}{x+h} - \frac{1}{x}}{h}$

$$= \lim_{h \to 0} \frac{x-(x+h)}{h(x+h)x}$$

$$= \lim_{h \to 0} \frac{-h}{h(x+h)x}$$

$$= \lim_{h \to 0} \frac{-1}{x(x+h)}$$

$$= \frac{-1}{x^2}$$

■

예제 2-13

함수 $f(x)=x^n\,(n\in \mathbb{N})$의 도함수를 구하여라.

풀이 $f'(x)=\lim\limits_{h\to 0}\dfrac{(x+h)^n-x^n}{h}$

$$=\lim_{h\to 0}\frac{1}{h}\left\{x^n+\binom{n}{1}x^{n-1}h+\binom{n}{2}x^{n-2}h^2+\cdots+\binom{n}{n-1}xh^{n-1}+\binom{n}{n}h^n-x^n\right\}$$

$$=\lim_{h\to 0}\frac{h}{h}\left\{\binom{n}{1}x^{n-1}+\binom{n}{2}x^{n-2}h+\cdots+\binom{n}{n}h^{n-1}\right\}$$

$$=\lim_{h\to 0}\left\{\binom{n}{1}x^{n-1}+\binom{n}{2}x^{n-2}h+\cdots+\binom{n}{n}h^{n-1}\right\}$$

$$=\lim_{h\to 0}\binom{n}{1}x^{n-1}$$

$$=nx^{n-1}$$

■

여기서 $\binom{n}{1}$은 n개 중에서 1개를 선택하는 경우의 수를 의미하며, 일반적으로

$$\binom{n}{k}=\frac{n!}{k!(n-k)!},\quad n!=n(n-1)\cdots 1,\ 0!=1$$

또한 위의 극한을 계산하는데 있어서 이항전개식 $(a+b)^n$을 사용하였다.

$$(a+b)^n=\sum_{k=0}^{n}\binom{n}{k}a^{n-k}b^k$$

예제 2-14

함수 $f(x)=x^n$의 미분계수 $f'(2)$를 구하여라.

풀이 $f'(2)=\left.\dfrac{df(x)}{dx}\right|_{x=2}$로 표시할 수 있다.

위의 예제에서 $f'(x)=nx^{n-1}$이므로, $x=2$를 대입하면 $f'(2)=n2^{n-1}$이다.

■

함수 f에 대해 미분계수 $f'(a)$가 존재한다면, f는 $x=a$에서 미분가능하다고 말한다.

또한 f가 열린구간 $(a,\ b)$에 속한 모든 x에 대하여 미분가능하면, f는 $(a,\ b)$에서 미분가능하다고 말한다.

일반적으로 함수 f가 미분 불가능한 경우는 f의 그래프에서 부드럽지 못한 뾰족한 점이나 꼬인 모양에서 나타난다.

또한 미분이 극한의 개념을 가지고 있으므로 좌극한값과 우극한값이 다른 불연속점에서도 미분 불가능하다.

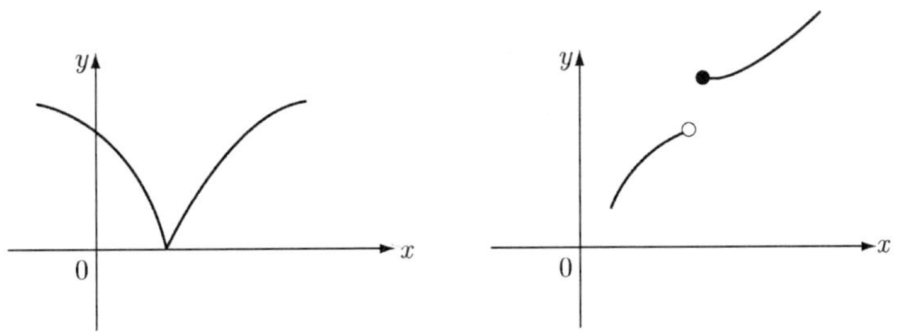

연습문제 2-3 Exercises

1. 도함수의 정의를 이용해서 다음 함수의 도함수를 구하여라. 도함수의 정의역을 말하여라.

(가) $f(x)=\dfrac{1}{2}x-\dfrac{1}{3}$　　(나) $f(x)=x^3-3x+5$

(다) $g(t)=\sqrt{1+2t}$　　(라) $h(s)=\dfrac{4s}{s+1}$

2. 다음 주어진 직선 ℓ과 평행하며 곡선 $y=f(x)$에 대한 접선의 방정식을 구하여라.

(가) $f(x)=3-x^2,\ \ell: y=5x$

(나) $f(x)=\dfrac{x-1}{x+1},\ \ell: x-2y=1$

2.4 사칙연산된 함수의 미분

이 절에서는 두 함수 $f(x)$와 $g(x)$가 어떤 구간에서 미분 가능함을 전제하겠다. 이 때 두 함수의 덧셈, 뺄셈, 곱셈, 나눗셈에 대한 도함수를 구해보겠다.

(1) 먼저 상수함수 $f(x)=c$의 도함수를 계산해보자.

$$f'(x)=\lim_{h\to 0}\frac{f(x+h)-f(x)}{h}$$
$$=\lim_{h\to 0}\frac{c-c}{h}$$
$$=0$$

그러므로 상수함수의 도함수는 0이다.

즉,

$$\frac{d(c)}{dx}=0$$

이다.

(2) $n\in\mathrm{N}$ 일 때 멱함수 $f(x)=x^n$ 의 도함수를 앞 절에서 구하였다.

$$\frac{d(x^n)}{dx}=nx^{n-1}\quad(n\in\mathrm{N})$$

예제 2-15

다음 함수의 도함수를 구하여라.

(가) $f(x)=2$　　(나) $f(x)=x^3$　　(다) $f(t)=t^{10}$

풀이 (가) $f(x)$는 상수함수이므로, $f'(x)=0$이다.

(나) $f(x)$는 $n=3$인 멱함수이므로, $f'(x)=3x^2$이다.

(다) $f(t)$는 t가 변수인 멱함수이다.

그래서 $\dfrac{df(t)}{dt}=10t^9$이다.

■

$n\in-\mathrm{N}$ (음의 정수)에 대하여도 멱함수 $f(x)=x^n$의 도함수 $f'(x)$는 nx^{n-1}이다.

2.3절의 예제 12에서 $f(x)=\dfrac{1}{x}$의 도함수 $f'(x)=-x^{-2}$임을 구하였다.

즉

$$(x^{-1})'=-x^{-2}$$

이 되므로

$n=-1$일 때 멱함수의 도함수가 성립된다.

그러므로 귀납법을 이용하여 $n=-k(k>0)$일 때 성립한다고 가정했을 때 $n=-(k+1)$에 대해서도 성립함을 보이면 될 것이다.

$n=-k$일 때, $(x^{-k})'=-kx^{-(k+1)}$이 성립한다고 가정하자.

$n=-(k+1)$일 때, $(x^{-(k+1)})'=(x^{-k}x^{-1})'=-(k+1)x^{-(k+2)}$임을 보이면 된다.

뒷 부분에서 두 함수의 곱 $(f(x)g(x))'$이 $f'(x)g(x)+f(x)g'(x)$가 됨을 보일 것이다.

이 공식을 이용하면,

$$\begin{aligned}(x^{-k}x^{-1})' &= (x^{-k})'(x^{-1})+(x^{-k})(x^{-1})' \\ &=-kx^{-(k+1)}x^{-1}+x^{-k}(-x^{-2}) \\ &=-kx^{-(k+2)}-x^{-(k+2)} \\ &=-(k+1)x^{-(k+2)}\end{aligned}$$

따라서 $n\in\mathbb{Z}$에 대하여 $(x^n)'=nx^{n-1}$이 성립한다.

비슷한 방법으로 $n\in\mathbb{Q}$일 때 $(x^n)'=nx^{n-1}$이 성립한다.

실제로 2.3절 예제 11에서 $(\sqrt{x})'=\dfrac{1}{2\sqrt{x}}$임을 보였다.

$\sqrt{x}=x^{\frac{1}{2}}$이고 $\dfrac{1}{2\sqrt{x}}=\dfrac{1}{2}x^{-\frac{1}{2}}$이므로, $n=\dfrac{1}{2}$일 때 멱함수의 도함수를 가짐을 알 수 있다. 일반적으로 귀납법에 의해 $n\in\mathbb{Q}$일 때도 멱함수의 도함수가 성립됨을 보일 수 있다.

이것을 실수로까지 확장해서 생각할 수 있다. 즉

$$n\in\mathbb{R},\ (x^n)'=nx^{n-1}$$

이 증명은 로그함수의 미분법에서 다시 다루기로 하겠다.

예제 2-16

다음 멱함수의 도함수를 공식에 의해 구하여라.

(가) x^{-3} (나) $x^{\frac{1}{4}}$

(다) $x^{-\frac{3}{2}}$ (라) $x^{0.99}$

풀이 (가) $(x^{-3})'=-3x^{-4}$

(나) $(x^{\frac{1}{4}})'=\frac{1}{4}x^{-\frac{3}{4}}$

(다) $(x^{-\frac{3}{2}})'=-\frac{3}{2}x^{-\frac{5}{2}}$

(라) $(x^{0.99})'=0.99x^{-0.01}$

(3) 합의 도함수는 각각의 도함수의 합이다. 즉

$$\frac{d}{dx}\{f(x)+g(x)\}=\frac{df(x)}{dx}+\frac{dg(x)}{dx}$$

또는

$$\{f(x)+g(x)\}'=f'(x)+g'(x)$$

이다.

왜냐하면

$$\begin{aligned}\{f(x)+g(x)\}'&=\lim_{h\to 0}\frac{\{f(x+h)+g(x+h)\}-\{f(x)+g(x)\}}{h}\\&=\lim_{h\to 0}\frac{f(x+h)-f(x)}{h}+\lim_{h\to 0}\frac{g(x+h)-g(x)}{h}\\&=f'(x)+g'(x)\end{aligned}$$

이기 때문이다.

(4) 차의 도함수는 각각의 도함수의 차이다. 즉

$$\frac{d}{dx}\{f(x)-g(x)\}=\frac{df(x)}{dx}-\frac{dg(x)}{dx}$$

또는

$$\{f(x)-g(x)\}'=f'(x)-g'(x)$$

이다.

이것의 증명을 정리 해 보면 다음과 같다.

$$\{f(x)-g(x)\}'=\lim_{h\to 0}\frac{\{f(x+h)-g(x+h)\}-\{f(x)-g(x)\}}{h}$$
$$=\lim_{h\to 0}\frac{f(x+h)-f(x)}{h}-\lim_{h\to 0}\frac{g(x+h)-g(x)}{h}$$
$$=f'(x)-g'(x)$$

(5) 함수에 상수곱한 도함수는 도함수에 상수곱이다. 즉

$$\frac{d}{dx}\{cf(x)\}=c\frac{df(x)}{dx}\quad (c：상수)$$

또는

$$\{cf(x)\}'=cf'(x)$$

이다.

위의 식을 증명하자.

$$\{cf(x)\}'=\lim_{h\to 0}\frac{cf(x+h)-cf(x)}{h}$$
$$=\lim_{h\to 0}c\frac{f(x+h)-f(x)}{h}$$
$$=c\lim_{h\to 0}\frac{f(x+h)-f(x)}{h}$$
$$=cf'(x)$$

예제 2-17

다음 함수의 도함수를 구하여라.

(가) $x^4-2x^3-\frac{1}{3}x^2+x-3$

(나) $(2x^2-1)^2$

풀이 (가) $(x^4-2x^3+\frac{1}{3}x^2+x-3)'=(x^4)'-2(x^3)'+\frac{1}{3}(x^2)'+(x)'-3(1)'$

$$=4x^3-2(3x^2)+\frac{1}{3}\cdot 2x+1-3(0)$$
$$=4x^3-6x^2+\frac{2}{3}x+1$$

(나) $\{(2x^2-1)^2\}' = (4x^4-4x^2+1)'$

$$= 4(x^4)' - 4(x^2)' + (1)'$$

$$= 16x^3 - 8x$$

■

(6) 곱의 도함수는 다음과 같다.

$$\frac{d}{dx}\{f(x)g(x)\} = \frac{df(x)}{dx}g(x) + f(x)\frac{dg(x)}{dx}$$

또는

$$\{f(x)g(x)\}' = f'(x)g(x) + f(x)g'(x)$$

이다.

위 공식을 증명해보자.

$$\{f(x)g(x)\}' = \lim_{h\to 0}\frac{f(x+h)g(x+h) - f(x)g(x)}{h}$$

$$= \lim_{h\to 0}\frac{1}{h}\{f(x+h)g(x+h)f(x)g(x+h) + f(x)g(x+h) - f(x)g(x)\}$$

$$= \lim_{h\to 0}\frac{f(x+h)-f(x)}{h}g(x+h) + \lim_{h\to 0}f(x)\frac{g(x+h)-g(x)}{h}$$

$$= \lim_{h\to 0}\frac{f(x+h)-f(x)}{h}\lim_{h\to 0}g(x+h) + f(x)\lim_{h\to 0}\frac{g(x+h)-g(x)}{h}$$

$$= f'(x)g(x) + f(x)g'(x)$$

함수의 도함수를 찾는 것과 함수를 미분하는 것은 같다.

예제 2-18

다음 함수를 미분하여라.

(가) $\left(\frac{1}{x^3}+\frac{2}{x^2}\right)(x^{-2}-4x)$

(나) $(x^2-1)(\sin x+1)$, (단 $\frac{d}{dx}(\sin x) = \cos x$)

(다) $x(x+2)(x-3)$

풀이 (가) $\left\{\left(\frac{1}{x^3}+\frac{2}{x^2}\right)(x^{-2}-4x)\right\}'$

$$=\left(\frac{1}{x^3}+\frac{2}{x^2}\right)'(x^{-2}-4x)+\left(\frac{1}{x^3}+\frac{2}{x^2}\right)(x^{-2}-4x)'$$
$$=(x^{-3}+2x^{-2})'(x^{-2}-4x)+(x^{-3}+2x^{-2})(x^{-2}-4x)'$$
$$=(-3x^{-4}-4x^{-3})(x^{-2}-4x)+(x^{-3}+2x^{-2})(-2x^{-3}-4)$$
$$=-5x^{-6}+8x^{-5}+8x^{-3}+8x^{-2}$$

(나) $\{(x^2-1)(\sin x+1)\}'$

$$=(x^{-2}-1)'(\sin x+1)+(x^2-1)(\sin x+1)'$$
$$=2x(\sin x+1)+(x^2-1)(\cos x)$$
$$=x^2\cos x+2x\sin x+2x-\cos x$$

(다) $\{x(x+2)(x-3)\}'$

$$=(x)'(x+2)(x-3)+x(x+2)'(x-3)+x(x+2)(x-3)'$$
$$=(x+2)(x-3)+x(x-3)+x(x+2)$$
$$=3x^2-2x-6$$

■

(7) 나눗셈의 도함수는 다음과 같다. 즉

$$\frac{d}{dx}\left\{\frac{g(x)}{f(x)}\right\}=\frac{\frac{d}{dx}\{g(x)\}f(x)-g(x)\frac{d}{dx}\{f(x)\}}{\{f(x)\}^2}$$

또는

$$\left\{\frac{g(x)}{f(x)}\right\}'=\frac{g'x)f(x)-g(x)f'(x)}{f^2(x)}$$

이다.

위 식에 대한 증명은 다음과 같다.

$$\left\{\frac{g(x)}{f(x)}\right\}'=\lim_{h\to 0}\frac{1}{h}\left\{\frac{g(x+h)}{f(x+h)}-\frac{g(x)}{f(x)}\right\}$$
$$=\lim_{h\to 0}\frac{1}{h}\left\{\frac{g(x+h)f(x)-g(x)f(x+h)}{f(x+h)f(x)}\right\}$$
$$=\lim_{h\to 0}\frac{1}{h}\left\{\frac{g(x+h)f(x)-g(x)f(x)+g(x)f(x)-g(x)f(x+h)}{f(x+h)f(x)}\right\}$$

$$= \lim_{h\to 0}\frac{1}{f(x+h)}\frac{g(x+h)-g(x)}{h} - \lim_{h\to 0}\frac{f(x+h)-f(x)}{h}\frac{g(x)}{f(x+h)f(x)}$$

$$= \frac{1}{f(x)}g'(x) - f'(x)\frac{g(x)}{f^2(x)}$$

$$= \frac{g'(x)f(x)-g(x)f'(x)}{f^2(x)}$$

예제 2-19

다음 함수를 미분하여라.

(가) $\dfrac{3x+2}{x^2+1}$　　　(나) $\dfrac{x^2-1}{x^3-1}$

(다) $\tan x$ (단 $\dfrac{d}{dx}(\sin x) = \cos x$, $\dfrac{d(\cos x)}{dx} = -\sin x$)

(라) $\cot x$　　　(마) $\dfrac{\sqrt{x}}{x+1}$

(바) $\dfrac{2x+1}{(x-2)(x+3)}$

풀이 (가) $\left(\dfrac{3x+2}{x^2+1}\right)' = \dfrac{(3x+2)'(x^2+1)-(3x+2)(x^2+1)'}{(x^2+1)^2}$

$$= \frac{3(x^2+1)-(3x+2)2x}{(x^2+1)^2}$$

$$= \frac{-3x^2-4x}{(x^2+1)^2}$$

$$= -\frac{3x^2+4x}{(x^2+1)^2}$$

(나) $\left(\dfrac{x^2-1}{x^3-1}\right)' = \left\{\dfrac{(x-1)(x+1)}{(x-1)(x^2+x+1)}\right\}'$

$$= \left(\frac{x+1}{x^2+x+1}\right)'$$

$$= \frac{(x^2+x+1)-(x+1)(2x+1)}{(x^2+x+1)^2}$$

$$= \frac{-x^2-2x}{(x^2+x+1)^2}$$

$$=-\frac{x^2+2x}{(x^2+x+1)^2}$$

(다) $(\tan x)'=\left(\frac{\sin x}{\cos x}\right)'$

$$=\frac{\cos^2 x+\sin^2 x}{\cos^2 x}$$

$$=\frac{1}{\cos^2 x}$$

$$=\sec^2 x$$

(라) $(\cot x)'=\left(\frac{1}{\tan x}\right)'=\left(\frac{\cos x}{\sin x}\right)'$

$$=\frac{-\sin^2 x-\cos^2 x}{\sin^2 x}$$

$$=\frac{-1}{\sin^2 x}$$

$$=-\operatorname{cosec}^2 x$$

(마) $\left(\frac{\sqrt{x}}{x+1}\right)'=\frac{\frac{1}{2}x^{-2}(x+1)-x^{\frac{1}{2}}1}{(x+1)^2}$

$$=\frac{\frac{1}{2}x^{-1}+\frac{1}{2}x^{-2}-x^{\frac{1}{2}}}{(x+1)^2}$$

$$=\frac{x^{-1}+x^{-2}-2x^{\frac{1}{2}}}{2(x+1)^2}$$

(바) $\left\{\frac{2x+1}{(x-2)(x+3)}\right\}'=\frac{2(x-2)(x+3)-(2x+1)\{(x+3)+(x-2)\}}{(x-2)^2(x+3)^2}$

$$=\frac{(2x^2+2x-12)-(4x^2+4x+1)}{(x-2)^2(x+3)^2}$$

$$=\frac{-2x^2-2x-13}{(x-2)^2(x+3)^2}$$

$$=-\frac{2x^2+2x+13}{(x-2)^2(x+3)^2}$$

■

연습문제 2-4 Exercises

1. 다음 함수의 도함수를 구하여라.

(가) $f(x)=3x-1$

(나) $f(x)=\dfrac{1}{2}x^{-10}$

(다) $f(x)=x^3-x$

(라) $f(x)=\dfrac{3x+1}{x^2-1}$

(마) $f(x)=\sin x\cos x$

(바) $f(x)=x^3+2x^2-x+2$

(사) $f(x)=(x^2+1)(x^3-2x^2+x+1)$

2. 다음 극한값을 이용하여 $\lim_{x\to a}\{f(x)g(x)\}$를 구하여라.

$$\lim_{x\to a}\{f(x)+g(x)\}=2,\ \lim_{x\to a}\{f(x)-g(x)\}=1$$

3. 모든 x에 대하여

$$0\le f(x)\le x^2-x-2$$

일 때 $\lim_{x\to 2}f(x)$의 값을 구하여라.

4. $f(1)=2,\ f'(1)=-1$일 때

$$\frac{d}{dx}\left\{\frac{f(x)}{x^2}\right\}\Bigg|_{x=1}$$

의 값을 구하여라.

2.5 삼각함수의 미분

삼각함수의 도함수를 구하기 위하여 아래 두 식을 이용할 것이다.

(1) $\lim_{\theta \to 0} \frac{\sin\theta}{\theta} = 1$

(2) $\lim_{\theta \to 0} \frac{\cos\theta - 1}{\theta} = 0$

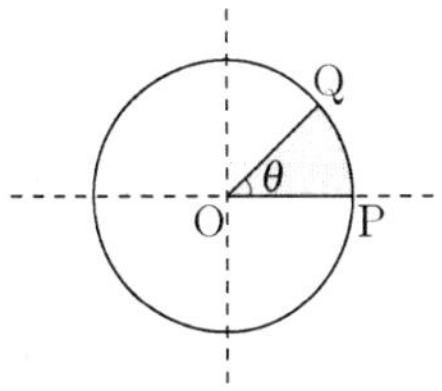

먼저 첫 번째 식에 대한 증명을 스케치하겠다.
단위 원에서 중심이 O인 부채꼴을 생각해보자.
이 때 중심각이 θ(라디안)라면 부채꼴의 호의 길이는 θ가 될 것이다.

$O < \theta < \frac{\pi}{2}$라고 가정한다.

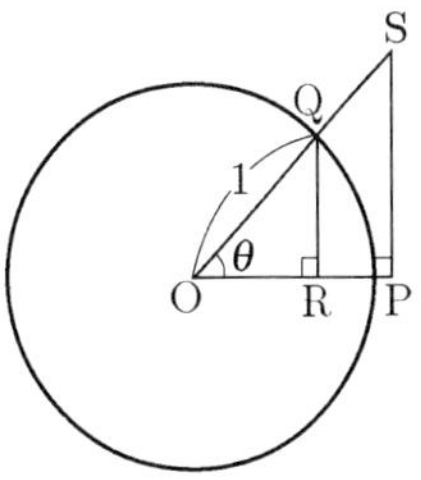

즉 호의 길이 $|\widehat{PQ}| = \theta$이다.

위 부채꼴 OPQ를 좀 더 자세히 그려 보자.

두 개의 직각삼각형 $\triangle ORQ$와 $\triangle OPS$를 비교하면서 θ와 선분 $\overline{QR}$의 길이 $|\overline{QR}|$, θ와 선분 $\overline{SP}$의 길이 $|\overline{SP}|$와의 관계식을 통하여 결론을 얻게 된다.

① $\triangle OQR$;

$$\sin\theta = \frac{|\overline{QR}|}{|\overline{OQ}|} = \frac{|\overline{QR}|}{1} = |\overline{QR}| < |\widehat{PQ}| = \theta$$

그래서

$$\frac{\sin\theta}{\theta} < 1 \quad (\theta > 0)$$

② $\triangle OSP$;

$\theta = |\widehat{PQ}| < |\overline{SP}|$이고 $\tan\theta = \frac{|\overline{SP}|}{|\overline{OP}|} = |\overline{SP}|$이므로 $\theta < \tan\theta = |\overline{SP}|$이다.

$$\theta < \frac{\sin\theta}{\cos\theta} = \tan\theta,$$

$$\cos\theta > 0,\ \theta > 0$$

$$\cos\theta < \frac{\sin\theta}{\theta}$$

$\triangle OQR$로부터 얻은 식 $\frac{\sin\theta}{\theta} < 1$을 이용하면, $\cos\theta < \frac{\sin\theta}{\theta} < 1$이 된다.

양 변에 극한을 취할 때,

$$\lim_{\theta \to 0^+} \cos\theta < \lim_{\theta \to 0^+} \frac{\sin\theta}{\theta} < \lim_{\theta \to 0^+} 1$$

$$1 < \lim_{\theta \to 0^+} \frac{\sin\theta}{\theta} < 1$$

그러므로 양쪽 극한값이 1이므로 그 사이에 놓여 있는 $\lim_{\theta \to 0^+} \frac{\sin\theta}{\theta}$도 1이 된다.

만일 $-\frac{\pi}{2} < \theta < 0$이라고 가정하자.

$\theta' > 0$, $\theta = -\theta'$에 대해

$$\begin{aligned}
\lim_{\theta \to 0^-} \frac{\sin\theta}{\theta} &= \lim_{\theta' \to 0^+} \frac{\sin(-\theta')}{-\theta'} \\
&= \lim_{\theta' \to 0^+} \frac{-\sin\theta'}{-\theta'} \\
&= \lim_{\theta' \to 0^+} \frac{\sin\theta'}{\theta'} \\
&= 1
\end{aligned}$$

그러므로

$$\lim_{\theta \to 0} \frac{\sin\theta}{\theta} = 1$$

이다.

두 번째 식 $\lim_{\theta \to 0} \frac{\cos\theta - 1}{\theta} = 0$이 됨을 보이겠다.

$$\begin{aligned}
\frac{\cos\theta - 1}{\theta} &= \left(\frac{\cos\theta - 1}{\theta}\right)\left(\frac{\cos\theta + 1}{\cos\theta + 1}\right) \\
&= \frac{\cos^2\theta - 1}{\theta(\cos\theta + 1)} \\
&= \frac{-\sin^2\theta}{\theta(\cos\theta + 1)} \\
&= -\sin\theta \frac{\sin\theta}{\theta} \frac{1}{\cos\theta + 1}
\end{aligned}$$

양 변에 극한값을 취해보자.

$$\lim_{\theta\to0}\frac{\cos\theta-1}{\theta}=\lim_{\theta\to0}(-\sin\theta)\lim_{\theta\to0}\frac{\sin\theta}{\theta}\lim_{\theta\to0}\frac{1}{\cos\theta+1}$$

$$=0\cdot1\cdot\frac{1}{2}$$

$$=0$$

예제 2-20

다음 극한값을 구하여라.

(가) $\lim_{\theta\to0}\frac{\sin3\theta}{\theta}$ (나) $\lim_{\theta\to0}\frac{\sin\theta^2}{\theta}$

(다) $\lim_{\theta\to\pi}\frac{\sin\theta}{\pi-\theta}$ (라) $\lim_{x\to0}\frac{\sin^2 2x}{x^2}$

(마) $\lim_{x\to0}\frac{\sin5x}{3x}$

풀이 (가) $\lim_{\theta\to0}\frac{\sin3\theta}{\theta}=\lim_{3\theta\to0}\frac{\sin3\theta}{3\theta}3$

$$=1\cdot3$$

$$=3$$

(나) $\lim_{\theta\to0}\frac{\sin\theta^2}{\theta}=\lim_{\theta\to0}\frac{\sin\theta^2}{\theta^2}\theta$

$$=\lim_{\theta\to0}\frac{\sin\theta^2}{\theta^2}\lim_{\theta\to0}\theta$$

$$=\lim_{\theta^2\to0}\frac{\sin\theta^2}{\theta^2}\lim_{\theta\to0}\theta$$

$$=1\cdot0=0$$

(다) $\lim_{\theta\to\pi}\frac{\sin\theta}{\pi-\theta}=\pi-\theta=t$

라고 놓자. 이때 $\theta\to\pi$이면 $t\to0$이다.

$$\lim_{\theta\to\pi}\frac{\sin\theta}{\pi-\theta}=\lim_{\theta\to\pi}\frac{\sin(\pi-\theta)}{\pi-\theta}$$

$$=\lim_{t\to0}\frac{\sin t}{t}$$

$$=1$$

(라) $\lim_{x\to 0}\frac{\sin^2 2x}{x^2}=\lim_{x\to 0}\frac{\sin 2x}{x}\frac{\sin 2x}{x}$

$$=\lim_{x\to 0}\frac{\sin 2x}{x}\lim_{x\to 0}\frac{\sin 2x}{x}$$

$$=\left(\lim_{2x\to 0}\frac{\sin 2x}{2x}2\right)\left(\lim_{2x\to 0}\frac{\sin 2x}{2x}2\right)$$

$$=(1\cdot 2)\cdot(1\cdot 2)$$

$$=4$$

(마) $\lim_{x\to 0}\frac{\sin 5x}{3x}=\lim_{x\to 0}\frac{\sin 5x}{5x}\frac{5}{3}$

$$=\frac{5}{3}\lim_{5x\to 0}\frac{\sin 5x}{5x}$$

$$=\frac{5}{3}\cdot 1$$

$$=\frac{5}{3}$$

앞에서 소개한 두 개의 극한값을 이용하여 사인 함수와 코사인 함수의 도함수를 유도할 수 있다.

미분공식 1 : $\frac{d}{dx}(\sin x)=\cos x$

$f(x)=\sin x$라고 하자.

$$f'(x)=\lim_{h\to 0}\frac{\sin(x+h)-\sin x}{h}$$

$$=\lim_{h\to 0}\frac{\sin x\cos h+\cos x\sin h-\sin x}{h}$$

$$=\lim_{h\to 0}\left\{\frac{\sin x\cos h-\sin x}{h}+\frac{\cos x\sin h}{h}\right\}$$

$$=\lim_{h\to 0}\sin x\frac{\cos h-1}{h}+\lim_{h\to 0}\cos x\frac{\sin h}{h}$$

$$=\sin x\cdot 0+\cos x\cdot 1$$

$$=\cos x$$

미분공식 2 : $\frac{d}{dx}(\cos x) = -\sin x$

$f(x) = \cos x$라고 하자.

$$f'(x) = \lim_{h \to 0} \frac{\cos(x+h) - \cos x}{h}$$

$$= \lim_{h \to 0} \frac{\cos x \cos h - \sin x \sin h - \cos x}{h}$$

$$= \lim_{h \to 0} \cos x \frac{\cos h - 1}{h} - \lim_{h \to 0} \sin x \frac{\sin h}{h}$$

$\lim_{h \to 0} \frac{\cos h - 1}{h} = 0$이고 $\lim_{h \to 0} \frac{\sin h}{h} = 1$이므로 $f'(x) = -\sin x$가 된다.

미분공식 3 : $\frac{d}{dx}(\tan x) = \sec^2 x$

$\tan x = \frac{\sin x}{\cos x}$이고 $(\sin x)' = \cos x$, $(\cos x)' = -\sin x$임을 이용하면

$$(\tan x)' = \left(\frac{\sin x}{\cos x}\right)'$$

$$= \frac{(\sin x)' \cos x - \sin x (\cos x)'}{\cos^2 x}$$

$$= \frac{\cos^2 x + \sin^2 x}{\cos^2 x}$$

$$= \frac{1}{\cos^2 x}$$

$$= \sec^2 x$$

미분공식 4 : $\frac{d}{dx}(\cot x) = -\operatorname{cosec}^2 x$

$$(\cot x)' = \left(\frac{\cos x}{\sin x}\right)'$$

$$= \frac{-\sin^2 x - \cos^2 x}{\sin^2 x}$$

$$= \frac{-1}{\sin^2 x}$$

$$= -\operatorname{cosec}^2 x$$

미분공식 5 : $\dfrac{d}{dx}(\sec x)=\sec x\tan x$

$$(\sec x)'=\left(\frac{1}{\cos x}\right)'$$
$$=\frac{\sin x}{\cos^2 x}$$
$$=\frac{\sin x}{\cos x}\frac{1}{\cos x}$$
$$=\tan x\sec x$$

미분공식 6 : $\dfrac{d}{dx}(\operatorname{cosec}x)=-\operatorname{cosec}x\cot x$

$$(\operatorname{cosec}x)'=\left(\frac{1}{\sin x}\right)'$$
$$=\frac{-\cos x}{\sin^2 x}$$
$$=-\frac{1}{\sin x}\frac{\cos x}{\sin x}$$
$$=-\operatorname{cosec}x\cot x$$

예제 2-21

다음 함수를 미분하여라.

(가) $y=\sec x\tan x$ (나) $y=\dfrac{\cos x}{1+\sin x}$

(다) $y=x^2\sin x$ (라) $y=3\cos x-\cot x$

풀이 (가) $y'=(\sec x)'\tan x+\sec x(\tan x)'$

$$=\sec x\tan^2 x+\sec^3 x$$

(나) $y'=\dfrac{(\cos x)'(1+\sin x)-\cos x(1+\sin x)'}{(1+\sin x)^2}$

$$=\frac{-\sin x(1+\sin x)-\cos^2 x}{(1+\sin x)^2}$$
$$=-\frac{1+\sin x}{(1+\sin x)^2}$$
$$=-\frac{1}{(1+\sin x)}$$

(다) $y' = (x^2)'\sin x + x^2(\sin x)'$

$= 2x\sin x + x^2\cos x$

(라) $y' = (3\cos x)' - (\cot x)'$

$= -3\sin x + \operatorname{cosec}^2 x$

■

$y = f(x)$가 미분가능하고 역함수 $x = f^{-1}(y)$가 존재한다고 가정하겠다.

만일 $f'(x) \neq 0$이면 $x = f^{-1}(y)$는 미분 가능하고 역함수 미분 $\frac{dx}{dy}$(또는 $\frac{d}{dy}f^{-1}(y)$)는 다음과 같다.

$$\frac{dx}{dx} = \frac{1}{\frac{dy}{dx}}$$

위의 역함수 미분을 이용하여 역삼각함수의 도함수를 구하면 다음의 미분공식을 얻게 된다.

미분공식 7 : $\frac{d}{dx}(\sin^{-1}x) = \frac{1}{\sqrt{1-x^2}} \quad (-1 < x < 1)$

역사인 함수의 미분공식을 유도해보겠다.

$y = \sin^{-1}x$의 양변에 사인함수를 취하면

$$x = \sin y \left(-\frac{\pi}{2} \leq y \leq \frac{\pi}{2}\right)$$

이다.

$$\frac{dy}{dx} = \frac{1}{\frac{dx}{dy}}$$

이고,

$$\frac{dx}{dy} = \frac{d(\sin y)}{dy} = \cos y$$

이다.

$\sin^2 y + \cos^2 y = 1$로부터 $\cos y = \pm\sqrt{1-\sin^2 y} = \pm\sqrt{1-x^2}$을 얻는다.

그리고 $-\frac{\pi}{2} \leq y \leq \frac{\pi}{2}$이고 이 때 $\cos y \geq 0$이므로

$$\cos y = \sqrt{1-x^2}$$

이다. 그러므로

$$\frac{dy}{dx} = \frac{1}{\cos}y = \frac{1}{\sqrt{1-x^2}}, \quad -1 < x < 1$$

미분공식 8 : $\frac{d}{dx}(\cos^{-1}x) = -\frac{1}{\sqrt{1-x^2}} \quad (-1 < x < 1)$

$y = \cos^{-1}x$의 $\frac{dy}{dx}$를 구하기 위해 양 변에 $\cos x$를 취해보자.

$$x = \cos y \quad (0 \le y \le \pi)$$

$$\frac{dx}{dy} = -\sin y$$

$$= \pm \sqrt{1-\cos^2 y}$$

$$= \pm \sqrt{1-x^2}, \ \sin y > 0 \text{이므로}$$

$$\frac{dx}{dy} = -\sqrt{1-x^2}$$

이다. 그러므로

$$\frac{dy}{dx} = \frac{1}{\frac{dx}{dy}}$$

$$= -\frac{1}{\sqrt{1-x^2}} \quad (-1 < x < 1)$$

미분공식 9 : $\frac{d}{dx}(\tan^{-1}x) = \frac{1}{1+x^2}$

$y = \tan^{-1}x$의 $\frac{dy}{dx}$를 구해 보자. $x = \tan y$를 미분하면,

$$\frac{dx}{dy} = \sec^2 y$$

이며 $\sec^2 y = 1 + \tan^2 y$이므로

$$\frac{dx}{dy} = 1 + \tan^2 y = 1 + x^2$$

이다. 그러므로

$$\frac{dy}{dx} = \frac{1}{\frac{dx}{dy}} = \frac{1}{1+x^2}$$

을 얻는다.

미분공식 10 : $\dfrac{d}{dx}(\cot^{-1}x) = -\dfrac{1}{1+x^2}$

$y = \cot^{-1}x$의 양 변에 코탄젠트 함수를 취하자.

$x = \cot y$을 미분하면

$\dfrac{dx}{dy} = -\operatorname{cosec}^2 y$이다. $\operatorname{cosec}^2 y = 1 + \cot^2 y$이므로

$$\frac{dx}{dy} = -(1+\cot^2 y)$$
$$= -(1+x^2)$$

그러므로

$$\frac{dy}{dx} = -\frac{1}{1+x^2}$$

이다.

예제 2-22

다음 역함수를 미분하여라.

(가) $y = \sin^{-1}(2x+1)$ (나) $y = \tan^{-1}(3x)$

풀이 2.7절에서 배울 합성함수의 미분법을 이용하면 간단하게 도함수를 구할 수 있다.

(가) $2x+1 = \sin y \left(-\dfrac{\pi}{2} \le y \le \dfrac{\pi}{2}\right)$이고

$x = \dfrac{1}{2}(\sin y - 1)$이다.

양 변을 y에 대해 미분하면, $\dfrac{dx}{dy} = \dfrac{1}{2}\cos y$이다.

이때 $\cos y > 0 \left(-\dfrac{\pi}{2} \le y \le \dfrac{\pi}{2}\right)$이며 $\cos y = \sqrt{1-\sin^2 y}$ 이다.

따라서 $\cos y = \sqrt{1-(2x+1)^2}$ 을 얻게 되어

$$\frac{dy}{dx} = \frac{1}{\frac{1}{2}\sqrt{1-(2x+1)^2}}$$
$$= \frac{2}{\sqrt{1-(2x+1)^2}}$$

(나) $y=\tan^{-1}(3x)$의 양 변에 탄젠트 함수를 취하면 $3x=\tan y$와 $x=\frac{1}{3}\tan y$를 얻는다.

그래서

$$\frac{dx}{dy}=\frac{1}{3}\sec^2 y$$

$$=\frac{1}{3}(1+\tan^2 y)$$

$$=\frac{1}{3}(1+9x^2)$$ 이므로

$$\frac{dy}{dx}=\frac{1}{\frac{dx}{dy}}$$

$$=\frac{1}{\frac{1}{3}(1+9x^2)}$$

$$=\frac{3}{1+9x^2}$$

■

연습문제 2-5 Exercises

1. 다음 함수를 미분하여라.

(가) $f(x) = \sin x + \frac{1}{2}\cot x$

(나) $y = 2\operatorname{cosec} x + 5\cos x$

(다) $t = \theta\tan\theta - \frac{1}{\cos\theta}$

(라) $y = \frac{1-\cos x}{x+\sin x}$

(마) $y = \frac{1+\sec x}{\tan x}$

2. 주어진 점에서 다음 곡선에 대한 접선의 방정식을 구하여라.

(가) $y = \tan x,\ \left(\frac{\pi}{4},\ 1\right)$

(나) $y = (1+x)\sin x,\ (0,\ 0)$

(다) $y = \sin x + \cos x,\ \left(-\frac{\pi}{4},\ 0\right)$

(라) $f(x) = \cos x,\ \left(\frac{2\pi}{3},\ -\frac{1}{2}\right)$

3. 다음 함수가 $0 \le x \le 1$에서 연속이 되기 위해서 $f(0)$와 $f(1)$의 값을 구하여라.

$$f(x) = \frac{\sin\pi x}{x(1-x)}$$

4. $\lim_{x\to 0} x\sin\frac{1}{x}$을 구하여라.

2.6 지수 · 로그함수의 미분

먼저 로그함수 $y=\log_a x$의 도함수에 대해 살펴보겠다.

이것을 위해 다음 식을 증명없이 정의하겠다.

$$\lim_{x\to 0}(1+x)^{\frac{1}{x}}=e \quad (e:\text{자연대수})$$

미분공식 11 : $\frac{d}{dx}(\log_a x)=\frac{1}{x}\log_a e=\frac{1}{x\ln a}$

$f(x)=\log_a x$라고 하자. 도함수 정의를 이용하면,

$$f'(x)=\lim_{h\to 0}\frac{\log_a(x+h)-\log_a x}{h}$$

$$=\lim_{h\to 0}\log_a\frac{\frac{x+h}{x}}{h}$$

$$=\lim_{h\to 0}\frac{1}{h}\log_a\left(1+\frac{h}{x}\right)$$

$$=\lim_{h\to 0}\frac{1}{x}\cdot\frac{x}{h}\log_a\left(1+\frac{h}{x}\right)$$

$$=\frac{1}{x}\lim_{h\to 0}\log_a\left(1+\frac{h}{x}\right)^{\frac{x}{h}}$$

$$=\frac{1}{x}\log_a\left(\lim_{\frac{h}{x}\to 0}\left(1+\frac{h}{x}\right)^{\frac{x}{h}}\right) \quad (\because \log_a x\text{는 연속})$$

$$=\frac{1}{x}\log_a e$$

$$=\frac{1}{x}\frac{\ln e}{\ln a}$$

$$=\frac{1}{x\ln a}$$

예제 2-23

다음 로그함수를 미분하여라.

(가) $y=\log_2 x$ (나) $y=\ln x \quad (\ln x=\log_e x)$

(다) $y=\log_{\frac{1}{3}} x$ (라) $y=\log_{\frac{1}{4}} x^2$

풀이 (가) $y'=\frac{1}{x}\log_2 e$

$=\frac{1}{x\ln 2}$

(나) $\ln^x=\log_e x$ 이므로

$y'=\frac{1}{x}\log_e e$

$=\frac{1}{x}$

(다) $\log_{\frac{1}{3}} x=-\log_3 x$ 이므로

$y'=-\frac{1}{x\ln 3}$

(라) $\log_{\frac{1}{4}} x^2=\log_{2^{-2}} x^2$

$=-\frac{2}{2}\log_2 x$

$=-\log_2 x$ 이므로

$y'=-\frac{1}{x\ln 2}$ 이다.

다음은 지수함수 $y=a^x\ (a>0)$에 대한 미분법을 살펴보겠다.

$y=a^x$의 양변에 자연로그를 취하면,

$\ln y=x\ln a$이다.

이때 연쇄법칙을 이용하여 양변을 x에 대해 미분할 수 있다.

그러나 연쇄법칙은 다음 3장에서 자세히 다룰 것이다.

여기서는 간단히 연쇄법칙을 소개하겠다.

$\ln y=x\ln a$의 양변을 x에 대해 미분할 때 왼쪽 항은 y에 관한 함수이기 때문에 x에 대해 미분할 수 없다.

그래서 $\ln y$를 먼저 y에 대해 미분하고 다시 y를 x에 대해 미분하게 된다.

이러한 방법을 연쇄법칙이라고 말한다.

그러므로

$$\frac{d}{dx}(\ln y) = \frac{d}{dx}(x\ln a)$$

$$\frac{d}{dy}(\ln y)\frac{dy}{dx} = \ln a\frac{dx}{dx}$$

$$\frac{1}{y}\frac{dy}{dx} = \ln a$$

이다.

우리는 $\frac{dy}{dx}$를 구하려는 것이므로

$$\begin{aligned}\frac{dy}{dx} &= y\ln a \\ &= a^x\ln a\end{aligned}$$

를 얻는다.

미분공식 12 : $\frac{d}{dx}(a^x) = a^x\ln a$

위의 공식에서 $a=e$라면 다음 미분공식을 얻게 된다.

미분공식 13 : $\frac{d}{dx}(e^x) = e^x$

예제 2-24

다음 지수함수를 미분하여라.

(가) $y = 2^x$　　(나) $y = \left(\frac{1}{3}\right)^x$　　(다) $y = 5^{x+1}$

풀이 (가) $y' = 2^x\ln 2$

(나) $y' = \left(\frac{1}{3}\right)^x \ln\frac{1}{3} = -3^{-x}\ln 3$

(다) $y' = 5^{x+1}\ln 5$

연습문제 2-6

Exercises

1. 다음 함수를 미분하여라.

(가) $f(x) = \log_3 x$

(나) $f(x) = \ln|x|$

(다) $y = e^x \cos x$

(라) $y = \dfrac{\ln x}{x^2}$

(마) $y = x \ln x$

(바) $y = \dfrac{3^x}{x^2}$

(사) $y = \dfrac{1 - \ln x}{1 + \ln x}$

2. 점 $(1,\ e)$에서 $y = \dfrac{e^x}{x}$에 대한 접선의 방정식을 구하여라.

MEMO

Chapter 03 연쇄법칙

3.1 합성함수의 미분

두 함수의 합성함수에 대한 미분법을 생각해보자.

$$y=(x^2+1)^3$$

이때 $u=g(x)$와 $y=f(u)$로 나타낸다면, $u=g(x)=x^2+1$, $y=f(u)=u^3$이 된다. 그래서

$$\frac{dy}{dx}=\frac{dy}{du}\frac{du}{dx}$$

로 계산되리라 예상할 수 있을 것이다.

그런데 $\frac{dy}{du}$와 $\frac{du}{dx}$는 분수개념이 아님을 알아야 한다. 그러므로

$$\begin{aligned}\frac{dy}{dx}&=3u^3\cdot 2x\\&=3(x^2+1)^3\cdot 2x\\&=6x(x^2+1)^3\end{aligned}$$

이다.

3.1.1 연쇄법칙

함수 f와 g가 미분 가능하고 $F=f\circ g$로 정의된 미분가능한 합성함수의 미분은 다음과 같이 계산된다.

$$F'(x)=f'(g(x))g'(x)$$

또는 $y=f(u)$와 $u=g(x)$로 정의한다면,

$$\frac{dy}{dx}=\frac{dy}{du}\frac{du}{dx}$$

이 된다.

위의 식(연쇄법칙)에 대한 증명을 대략 정리해 보겠다.

Δu를 u의 증분, Δx를 x의 증분이라고 하자.

그러면 $\Delta u = g(x+\Delta x) - g(x)$이며 y의 증분 $\Delta y = f(u+\Delta u) - f(u)$이다.

$$\begin{aligned}\frac{dy}{dx} &= \lim_{\Delta x \to 0} \frac{\Delta y}{\Delta x} \\ &= \lim_{\Delta x \to 0} \frac{\Delta y}{\Delta u}\frac{\Delta u}{\Delta x} \\ &= \lim_{\Delta x \to 0} \frac{\Delta y}{\Delta u} \lim_{\Delta x \to 0} \frac{\Delta u}{\Delta x} \\ &= \lim_{\Delta u \to 0} \frac{\Delta y}{\Delta u} \lim_{\Delta x \to 0} \frac{\Delta u}{\Delta x} \quad (\Delta x \to 0 \text{일 때 } \Delta u \to 0) \\ &= \frac{dy}{du}\frac{du}{dx}\end{aligned}$$

예제 3-1

다음 함수를 미분하여라.

(가) $y = \sqrt{2x+1}$ (나) $y = e^{3x+1}$ (다) $y = 2^{\sin x}$

(라) $y = \cos(x^2+1)$ (마) $y = \log_3^{(x^2+1)}$ (바) $y = \sec^2(2x)$

풀이 (가) $y = \sqrt{2x+1}$; $u = 2x+1$, $y = \sqrt{u}$라고 놓자.

$$\begin{aligned}\frac{dy}{dx} &= \frac{dy}{du}\frac{du}{dx} \\ &= \frac{1}{2}u^{-\frac{1}{2}} \cdot 2 \\ &= u^{-\frac{1}{2}} \\ &= \frac{1}{\sqrt{2x+1}}\end{aligned}$$

(나) $y = e^{3x+1}$; $u = 3x+1$, $y = e^u$라고 놓자.

$$\begin{aligned}\frac{dy}{dx} &= \frac{dy}{du}\frac{du}{dx} \\ &= e^u \cdot 3 \\ &= 3e^{3x+1}\end{aligned}$$

(다) $y=2^{\sin x}$; $u=\sin x$, $y=2^u$ 라고 놓자.

$$\frac{dy}{dx}=\frac{dy}{du}\frac{du}{dx}$$
$$=2^u \ln 2 \cos x$$
$$=2\sin x \ln 2 \cos x$$

(라) $y=\cos(x^2+1)$; $u=x^2+1$, $y=\cos u$ 라고 놓자.

$$\frac{dy}{dx}=\frac{dy}{du}\frac{du}{dx}$$
$$=(-\sin u)2x$$
$$=-2x\sin(x^2+1)$$

(마) $y=\log_3(x^2+1)$; $u=x^2+1$, $y=\log_3 u$ 라고 놓자.

$$\frac{dy}{dx}=\frac{d(\log_3 u)}{du}\frac{d(x^2+1)}{dx}$$
$$=\frac{1}{u\ln 3}2x$$
$$=\frac{2}{\ln 3}\frac{x}{x^2+1}$$

(바) $y=\sec^2(2x)$; $u=2x$, $t=\sec u$, $y=t^2$ 라고 놓자.

$$\frac{dy}{dx}=\frac{dy}{dt}\frac{dt}{du}\frac{du}{dx}$$
$$=2t\sec u\tan u\, 2$$
$$=4\sec^2(2x)\tan(2x)$$

■

예제 3-2

다음 함수를 미분하여라.

(가) $y=(x^2+1)^{200}$

(나) $y=\dfrac{1}{\sqrt{x^3+x+1}}$

(다) $y=\left(\dfrac{2x-2}{x^2+1}\right)^5$

(라) $y=\sin(\cos(3x+1))$

풀이 (가) $u=x^2+1$, $y=u^{200}$ 라고 놓고 연쇄법칙을 이용하면

$$\frac{dy}{dx}=\frac{d(u^{200})}{du}\frac{d(x^2+1)}{dx}$$
$$=200u^{199}\cdot 2x$$
$$=400x(x^2+1)^{199}$$

(나) $u=x^3+x+1$로 치환하면, $y=u^{-\frac{1}{2}}$이 된다.

연쇄법칙을 이용하면,

$$\frac{dy}{dx}=\frac{d(u^{-\frac{1}{2}})}{du}\frac{d(x^3+x+1)}{dx}$$
$$=-\frac{1}{2}u^{-\frac{3}{2}}(3x^2+1)$$
$$=-\frac{1}{2}(3x^2+1)(x^3+x+1)^{-\frac{3}{2}}$$

(다) $u=\frac{2x-1}{x^2+1}$로 치환하면 $y=u^5$이 된다.

그래서

$$\frac{dy}{dx}=\frac{d(u^5)}{du}\frac{d\left(\frac{2x-1}{x^2+1}\right)}{dx}$$
$$=5u^4\frac{2(x^2+1)-(2x-1)2x}{(x^2+1)^2}$$
$$=5\left(\frac{2x-1}{x^2+1}\right)^4\frac{-2x^2+2x+2}{(x^2+1)^2}$$
$$=\frac{-10(2x-1)^4(x^2-x-1)}{(x^2+1)^6}$$

(라) 세 함수의 합성함수이므로 두 개의 새로운 문자로 치환해야 한다.

$u=3x+1$, $t=\cos u$, $y=\sin t$로 놓자.

$$\frac{dy}{dx}=\frac{dy}{dt}\frac{dt}{du}\frac{du}{dx}$$
$$=(\sin t)'(\cos u)'(3x+1)'$$
$$=\cos t(-\sin u)3$$
$$=-3\sin(3x+1)\cos(\cos(3x+1))$$

■

연습문제 3-1 Exercises

1. 다음은 $y=f(g(x))$ 형태의 합성함수이다.

$u=g(x)$, $y=f(u)$를 찾고 도함수 $\dfrac{dy}{dx}$를 구하여라.

(가) $y=\sin(4x)$ (나) $y=\sqrt{2+5x}$

(다) $y=(x^2-2)^5$ (라) $y=\cos(\sin x)$

(마) $y=(\tan x)^{\frac{1}{2}}$ (바) $y=\cos(\sqrt{x+1})$

2. 다음 함수의 도함수를 구하여라.

(가) $f(x)=\sqrt[3]{x^2+2x+3}$ (나) $g(t)=(x^2+1)^{-2}$

(다) $y=\sin(x^2+a^2)$ (라) $y=\tan\left(\dfrac{x}{3}+1\right)$

(마) $h(t)=(t^3+1)^2(t^4-1)^3$ (바) $y=(3x+2)^4(2x^3-5)^{-2}$

(사) $y=x^3\sin(nx)$ (아) $y=\dfrac{3r}{\sqrt{2r^3+3}}$

(자) $Y(\theta)=\cot^2(\cos\theta)$ (차) $y=\cos^2(\sin\sqrt{\tan x})$

(카) $g(t)=\sin(e^{-t})$ (타) $y=\ln(e^{-x}+xe^{-x})$

(파) $y=\{\ln(1+e^x)\}^2$ (하) $F(t)=e^t\sin(2t)$

3. 다음 역삼각함수의 도함수를 구하여라.

(가) $f(x)=\sin^{-1}(x^2+1)$ (나) $y=\sqrt{\tan^{-1}x}$

(다) $y=\tan^{-1}\sqrt{x}$ (라) $y=\cos^{-1}(e^{2x+1})$

(마) $h(t)=2\sec^{-1}t$

4. $(\sin x)'=\cos x$이며 $\cos x=\sin\left(\dfrac{\pi}{2}-x\right)$이므로 $(\cos x)'=-\sin x$됨을 보여라.

3.2 음함수의 미분

지금까지는 함수를 표현할 때 독립변수와 종속변수를 분리한 $y=f(x)$ 형태로 표시하였다. 이와 같은 표시방법을 양함수라고 한다. 반면에 독립변수와 종속변수의 구분 없이 함께 표현하는 방법을 음함수라고 한다. 즉

$$f(x,\ y)=0$$

예를 들어, 양함수 $y=\sqrt{9-x^2}$ 와

$$y=-\sqrt{9-x^2}\quad(-3\le x\le 3)$$

의 양변을 제곱하면 다음의 음함수를 얻게 된다.

$$x^2+y^2=9$$

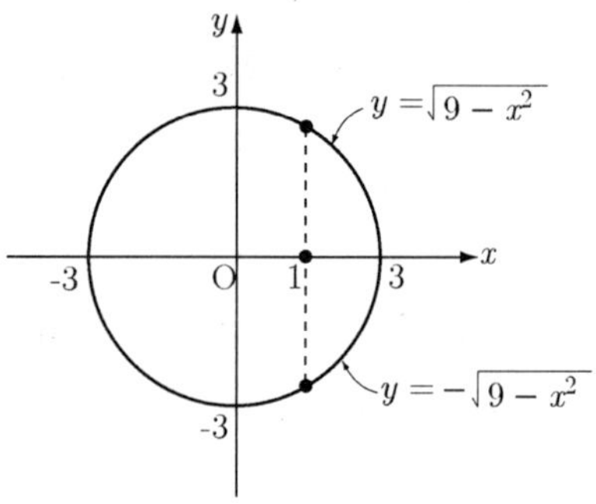

위의 방정식은 반지름이 3인 원을 나타내주고 있으며, 사실 두 개의 양함수를 포함하고 있다. 즉 음함수 $x^2+y^2=9$는 함수가 될 수 없다.

다음 그림을 보면 위의 반원의 방정식 $y=\sqrt{9-x^2}$ 과 아래 반원의 방정식 $y=-\sqrt{9-x^2}$ 으로 이루어져 있어서 $x=1$에 대응하는 y값이 $\sqrt{8}$ 과 $-\sqrt{8}$ 두 개에 대응된다. 그래서 $x^2+y^2=9$는 함수가 될 수 없다. 그러나 $x^2+y^2=9$는 두 개의 양함수를 포함한다는 의미에서 음함수라고 말한다.

$y=\sqrt{9-x^2}$ 와 $y=-\sqrt{9-x^2}$ 의 도함수를 구해보자.

① $y=\sqrt{9-x^2}$; $u=9-x^2$으로 치환하면 $y=\sqrt{u}$ 가 된다.

그래서

$$\begin{aligned}\frac{dy}{dx}&=\frac{d(\sqrt{u})}{du}\frac{d(9-x^2)}{dx}\\&=\frac{1}{2\sqrt{u}}(-2x)\\&=\frac{-x}{\sqrt{9-x^2}}\end{aligned}$$

② $y=-\sqrt{9-x^2}$; $u=9-x^2$으로 치환하면 $y=-\sqrt{u}$가 된다.

$$\frac{dy}{dx}=\frac{d(-\sqrt{u})}{du}\frac{d(9-x^2)}{dx}$$

$$=-\frac{1}{2\sqrt{u}}(-2x)$$

$$=\frac{x}{\sqrt{9-x^2}}$$

그런데 $y=\sqrt{9-x^2}$의 $y'=\frac{-x}{y}$이고 $y=-\sqrt{9-x^2}$의 $y'=-\frac{x}{y}$로 똑같다.

그러므로 $y=\pm\sqrt{9-x^2}$의 음함수에 대한 y'도 $-\frac{x}{y}$가 됨을 음함수 미분법을 이용하여 보일 것이다.

$$x^2+y^2=9$$

① 양변을 x에 대해 미분한다.

$$\frac{d(x^2+y^2)}{dx}=\frac{d(9)}{dx},$$

$$\frac{d(x^2)}{dx}+\frac{d(y^2)}{dx}=0,$$

$$2x+\frac{d(y^2)}{dx}=0$$

② 연쇄법칙을 이용한다.

$$2x+\frac{d(y^2)}{dx}=0,$$

$$2x+\frac{d(y^2)}{dy}\frac{dy}{dx}=0,$$

$$2x+2yy'=0$$

③ y'을 포함한 항과 y'이 없는 항을 구분한다.

$$2yy'=-2x,$$

$$y'=\frac{-2x}{2y},$$

$$=-\frac{x}{y}$$

예제 3-3

다음 음함수를 미분하여라.

(가) $xy=1$ (나) $x^3-2x^2y+xy^2-y^3=1$

(다) $2^{xy}=1$ (라) $\sin(xy)=x,\ \left(xy\neq\pm\frac{(2n-1)}{2}\pi\right)$

(마) $\ln(x^2+y^2)=1$ (바) $\frac{2xy}{x^2+y^2}=y$

(사) $\sin\left(\frac{y}{x}\right)+\cos\left(\frac{x}{y}\right)=xy$

풀이 (가) $xy=1$;

$$\frac{d(xy)}{dx}=\frac{d(1)}{dx},$$

$$\frac{dx}{dx}y+x\frac{dy}{dx}=0,$$

$$y+xy'=0,$$

그러므로

$$y'=\frac{-y}{x}$$

(나) $x^3-2x^2y+xy^2-y^3=1$;

$$\frac{d(x^3)}{dx}-2\frac{d(x^2y)}{dx}+\frac{d(xy^2)}{dx}-\frac{d(y^3)}{dx}=0,$$

$$3x^2-2\left\{\frac{d(x^2)}{dx}y+x^2\frac{dy}{dx}\right\}+\left\{\frac{dx}{dx}y^2+x\frac{d(y^2)}{dx}\right\}-\frac{d(y^3)}{dy}\frac{dy}{dx}=0,$$

$$3x^2-2(2xy+x^2y')+(y^2+2xyy')-3y^2y'=0,$$

$$y'(-2x^2+2xy-3y^2)=-3x^2+4xy-y^2,$$

그러므로

$$y'=\frac{3x^2-4xy+y^2}{2x^2-2xy+3y^2}$$

(다) $2^{xy}=1$;

$$\frac{d(2^{xy})}{dx}=\frac{d(1)}{dx},$$

$$2^{xy}\ln 2\frac{d(xy)}{dx}=0,$$

$$\ln 2\, 2^{xy}(y+xy')=0$$

$\ln 2\, 2^{xy} \neq 0$ 이므로,

$$y + xy' = 0,$$

그러므로

$$y' = \frac{-y}{x}$$

(라) $\sin(xy) = x$;

$$\frac{d}{dx}\{\sin(xy)\} = \frac{dx}{dx},$$

$$\cos(xy)\frac{d}{dx}(xy) = 1,$$

$$\cos(xy)(y + xy') = 1, \ (\cos(xy) \neq 0)$$

$$y + xy' = \frac{1}{\cos(xy)},$$

$$y' = \frac{1}{x\cos(xy)} - \frac{y}{x}$$

(마) $\ln(x^2 + y^2) = 1$;

$$\frac{d}{dx}\{\ln(x^2 + y^2)\} = 0,$$

$$\frac{1}{x^2 + y^2}\frac{d}{dx}(x^2 + y^2) = 0, \ (x^2 + y^2 > 0)$$

$$\frac{d}{dx}(x^2 + y^2) = 0,$$

$$2x + 2yy' = 0,$$

$$y' = -\frac{x}{y}$$

(바) $\dfrac{2xy}{x^2 + y^2} = y$;

$$\frac{d}{dx}\left(\frac{2xy}{x^2 + y^2}\right) = \frac{dy}{dx},$$

$$\frac{2\frac{d}{dx}(xy)(x^2 + y^2) - 2xy\frac{d}{dx}(x^2 + y^2)}{(x^2 + y^2)^2} = y',$$

$$\frac{2}{(x^2 + y^2)^2}\{(y + xy')(x^2 + y^2) - xy(2x + 2yy')\} = y',$$

$$(x^2y+y^3-2x^2y)+y'(x^3+xy^2-2xy^2)=\frac{(x^2+y^2)^2y'}{2}$$

$(\because\ x^2+y^2\neq 0)$,

$$y'\left(-\frac{x^4}{2}-x^2y^2-\frac{y^4}{2}+x^3-xy^2\right)=x^2y-y^3,$$

$$y'(-x^4-2x^2y^2-y^4+2x^3-2xy^2)=2x^2y-2y^3,$$

그러므로

$$y'=\frac{2x^2y-2y^3}{-x^4-2x^2y^2-y^4+2x^3-2xy^2}$$

(사) $\sin\left(\frac{y}{x}\right)+\cos\left(\frac{x}{y}\right)=xy$;

$$\frac{d}{dx}\left\{\sin\left(\frac{y}{x}\right)\right\}+\frac{d}{dx}\left\{\cos\left(\frac{x}{y}\right)\right\}=\frac{d(xy)}{dx},$$

$$\cos\left(\frac{y}{x}\right)\frac{d}{dx}\left(\frac{y}{x}\right)-\sin\left(\frac{x}{y}\right)\frac{d}{dx}\left(\frac{x}{y}\right)=y+xy',$$

$$\cos\left(\frac{y}{x}\right)\frac{y'x-y}{x^2}-\sin\left(\frac{x}{y}\right)\frac{y-xy'}{y^2}=y+xy',$$

$x\neq 0$, $y\neq 0$이므로 양변에 x^2y^2을 곱한다.

$$y^2\cos\left(\frac{y}{x}\right)(xy'-y)-x^2\sin\left(\frac{x}{y}\right)(y-xy')=x^2y^3+x^3y^2y',$$

$$y'\left\{xy^2\cos\left(\frac{y}{x}\right)+x^3\sin\left(\frac{x}{y}\right)-x^3y^2\right\}=y^3\cos\left(\frac{y}{x}\right)+x^2y\sin\left(\frac{x}{y}\right)+x^2y^3,$$

그러므로

$$y'=\frac{y^3\cos\left(\frac{y}{x}\right)+x^2y\sin\left(\frac{x}{y}\right)+x^2y^3}{xy^2\cos\left(\frac{y}{x}\right)+x^3\sin\left(\frac{x}{y}\right)-x^3y^2}$$

■

예제 3-4

점 (3, 3)에서 $x^3+y^3=6xy$에 접하는 접선의 방정식을 구하여라.

풀이 먼저 점 (3, 3)에서 접선의 기울기를 구해보자.

$$\frac{d(x^3)}{dx}+\frac{d(y^3)}{dx}=6\frac{d(xy)}{dx},$$

$$3x^2 + \frac{d(y^3)}{dy}\frac{dy}{dx} = 6\left(y + x\frac{dy}{dx}\right),$$

$$3x^2 + 3y^2y' = 6y + 6xy',$$

$$y'(3y^2 - 6x) = 6y - 3x^2,$$

$$y' = \frac{2y - x^2}{y^2 - 2x}$$

즉

$$\left.\frac{dy}{dx}\right|_{(3,3)} = \frac{2 \cdot 3 - 3^2}{3^2 - 2 \cdot 3}$$

$$= -1$$

이다.

그러므로 점 (3, 3)을 지나면서 접선의 기울기 $m = -1$인 접선의 방정식은 $y - 3 = -1(x - 3)$, $y = -x + 6$이다.

앞에서 $n \in \mathbb{Q}$ 일 때, $(x^n)' = nx^{n-1}$임을 보였다.

만일 $n \in \mathbb{R}$ 일 때도 $(x^n)' = nx^{n-1}$을 만족하는지 보이도록 하겠다.

$$y = x^n, \quad (n \in \mathbb{R})$$

양변에 자연로그를 취한 후 음함수의 미분법을 이용하면 다음의 식을 얻게 된다.

$$\ln y = \ln x^n,$$

$$\ln y = n \ln x,$$

$$\frac{d(\ln y)}{dx} = n\frac{d(\ln x)}{dx},$$

$$\frac{d(\ln y)}{dy}\frac{dy}{dx} = n\frac{1}{x},$$

$$\frac{1}{y}y' = \frac{n}{x},$$

$$y' = nyx^{-1},$$

그러므로

$$y' = nx^nx^{-1}$$

$$= nx^{n-1}$$

미분공식 14 : $(x^n)' = nx^{n-1}, \quad (n \in \mathbb{R})$

예제 3-5

$y = x^x$의 도함수를 구하여라.

풀이 일반적으로 $y = f(x)^{g(x)}$ 형태의 함수에 대한 미분은 양변에 자연로그를 취한 후 음함수의 미분법을 이용하게 된다. 그래서 $y = x^x$에 자연로그를 취하면,

$$\ln y = x \ln x$$

양 변을 x에 대해 미분하면,

$$\frac{d}{dx}(\ln y) = \frac{dx}{dx}\ln x + x\frac{d}{dx}(\ln x),$$

$$\frac{d}{dy}(\ln y)\frac{dy}{dx} = \ln x + x\frac{1}{x},$$

$$\frac{1}{y}y' = \ln x + 1,$$

그러므로

$$\begin{aligned} y' &= y(\ln x + 1) \\ &= x^x(\ln x + 1) \end{aligned}$$

■

예제 3-6

$y = x \ln x$의 도함수를 구하여라.

풀이

$$\ln y = \ln x \ln x,$$

$$\frac{d}{dx}(\ln y) = \frac{d(\ln x)}{dx}\ln x + \ln x\frac{d}{dx}(\ln x),$$

$$\frac{1}{y}y' = \frac{\ln x}{x} + \ln x\frac{1}{x},$$

그러므로

$$\begin{aligned} y' &= 2x \ln x\frac{\ln x}{x} \\ &= 2\ln^x x \ln x - 1 \end{aligned}$$

■

연습문제 3-2 Exercises

1. 다음 음함수를 미분하여라.

(가) $x^3-2x^2y+3xy^2-y^3=1$ (나) $1+y=\sin(xy^2)$

(다) $\cos y\sin x=1$ (라) $x\sin(y^2)=y\sin(x^2)$

(마) $\dfrac{y}{x}+\dfrac{x}{y}=1$ (바) $\sin x+\cos y=\sin x\cos y$

2. 주어진 점에서 다음 곡선에 대한 접선의 방정식을 찾아라.

(가) $x^2+y^2=5$, $(2,\ 1)$ (나) $x^2+xy+y^2=3$, $(1,\ 1)$

(다) $x^{\frac{1}{3}}+y^{\frac{1}{3}}=1$, $(8,\ -1)$ (라) $x^2+2xy-y^2+x=2$, $(1,\ 2)$

3. $f(x)+x^2\{f(x)\}^3=10$이고 $f(1)=2$일 때 $f'(1)$을 구하여라.

4. 다음 함수의 도함수를 구하여라.

(가) $y=(\sin x)^x$ (나) $y=\sqrt{x}^{\,x}$

(다) $y=x\ln x$ (라) $y=x\cos x$

3.3 고계도함수

$y=f(x)$가 미분가능한 함수일 때 도함수 $f'(x)$를 구하였다. 만일 함수 $f'(x)$의 도함수가 존재한다면 다음과 같이 정의될 것이다.

$$f''(x)=\lim_{h\to 0}\frac{f'(x+h)-f'(x)}{h}$$

이때 $f''(x)$를 f의 이계도함수라고 말한다.

이계도함수 $f''(x)$의 다른 표현으로 $f^{(2)}(x)$가 있다. 여러 번 미분해야 하는 경우 후자의 표기법이 간단할 수 있다.

일반적으로 함수 f의 n번 미분이 가능하다고 가정할 때 n계도함수 $f^{(n)}(x)$는

$$f^{(n)}(x)=\lim_{h\to 0}\frac{f^{(n-1)}(x+h)-f^{(n-1)}(x)}{h}$$

로 정의한다.

예를 들어, $f(x)=x^3$일 때 $f^{(3)}(x)$를 구해보면

$$f'(x)=3x^2,$$
$$f''(x)=6x,$$
$$f'''(x)=6$$

을 얻는다.

만일 $f(x)=x^n \ (n\geq 0)$일 때,

$$f^{(r)}(x)=\begin{cases} n!, & n=r \\ 0, & n<r \end{cases}$$

임을 알 수 있다.

여기서 $n!$(n factorial, n계승)은

$$n\times(n-1)\times(n-2)\times\cdots\times 1$$

을 의미한다.

예제 3-7

다음 함수의 이계도함수를 구하여라.

(가) $f(x)=2x^3-3x+1$　　(나) $f(x)=2^{3x}$

(다) $f(x)=\cos^2(x^2+1)$　　(라) $f(x)=\dfrac{2x}{x^2+1}$

(마) $f(x)=\ln(5x)$

풀이 (가) $f'(x)=6x^2-3$, $f''(x)=12x$

(나) $f'(x)=3\cdot 2^{3x}\ln 2$, $f''(x)=9(\ln 2)^2 2^{3x}$

(다) $f'(x)=2\cos(x^2+1)(-\sin(x^2+1))(2x)$

$$=-4x\sin(x^2+1)\cos(x^2+1),$$

$$f''(x)=-4\{\sin(x^2+1)\cos(x^2+1)+x\cos(x^2+1)2x\cos(x^2+1)$$
$$+x\sin(x^2+1)(-\sin(x^2+1)2x)\}$$
$$=-4\sin(x^2+1)\cos(x^2+1)-8x^2\cos^2(x^2+1)+8x^2\sin^2(x^2+1)$$

(라) $f'(x)=\dfrac{2(x^2+1)-(2x)(2x)}{(x^2+1)^2}$

$$=\frac{-2x^2+2}{(x^2+1)^2},$$

$$f''(x)=\frac{-4x(x^2+1)^2-(-2x^2+2)\cdot 2(x^2+1)(2x)}{(x^2+1)^4}$$

$$=\frac{1}{(x^2+1)^4}\{-4x^5-8x^3-4x+8x^5-8x\}$$

$$=\frac{4x^5-8x^3-12x}{(x^2+1)^4}$$

$$=\frac{4x(x^2+1)(x^2-3)}{(x^2+1)^4}$$

$$=\frac{4x(x^2-3)}{(x^2+1)^3}$$

(마) $f'(x)=\dfrac{1}{x}$,

$$f''(x)=-x^{-2}$$

■

함수 $f(x)$의 임의의 $n\in\mathbb{N}$ 대한 n계도함수 $f^{(n)}(x)$을 하나의 식으로 간단히 표현할 수 있다.

예를 들어, $f(x)=\ln x$라고 하자.

이때,

$$f^{(1)}(x) = \frac{1}{x} = x^{-1},$$
$$f^{(2)}(x) = (-1)x^{-2},$$
$$f^{(3)}(x) = (-1)(-2)x^{-3},$$
$$f^{(4)}(x) = (-1)(-2)(-3)x^{-4}$$
$$\vdots$$

그러므로

$$f^{(n)}(x) = \begin{cases} (-1)^{n+1}(n-1)!x^{-n} & (n \geq 1) \\ \ln x & (n = 0) \end{cases}$$

예제 3-8

$f(x) = \dfrac{1}{x}$일 때 $f^{(n)}(x)$를 구하여라.

풀이 $f^{(1)}(x) = (-1)x^{-2},$

$$f^{(2)}(x) = (-1)(-2)x^{-3},$$
$$f^{(3)}(x) = (-1)(-2)(-3)x^{-4},$$
$$f^{(4)}(x) = (-1)(-2)(-3)(-4)x^{-5},$$
$$\vdots$$
$$f^{(n)}(x) = (-1)^n n! x^{-(n+1)}$$

■

주기함수인 삼각함수에 대한 n계도함수가 어떻게 표현될 수 있는지 살펴보겠다. 예를 들어, $f(x) = \sin x$라고 하자.

이때

$$f^{(1)}(x) = \cos x,$$
$$f^{(2)}(x) = -\sin x,$$
$$f^{(3)}(x) = -\cos x,$$
$$f^{(4)}(x) = \sin x$$

로 반복적인 모양을 가진다.

그러므로 $f^{(n)}(x)=\sin\left(\frac{n}{2}\pi+x\right)$로 정의하면

$$\begin{aligned}
n=0\ ;\ f^{(0)}(x)&=\sin x,\\
n=1\ ;\ f^{(1)}(x)&=\sin\left(\frac{\pi}{2}+x\right)\\
&=\cos x,\\
n=2\ ;\ f^{(2)}(x)&=\sin(\pi+x)\\
&=-\sin x,\\
n=3\ ;\ f^{(3)}(x)&=\sin\left(\frac{3}{2}\pi+x\right)\\
&=-\cos x,\\
n=4\ ;\ f^{(4)}(x)&=\sin(2\pi+x)\\
&=\sin x,\\
&\vdots
\end{aligned}$$

연습문제 3-3 Exercises

1. 다음 함수의 이계도함수를 구하여라.

(가) $f(x)=x^4-2x^3+8x$　　(나) $g(t)=2\sin t-3\cos t$

(다) $h(t)=\sqrt{t}-2\sin t$　　(라) $y=e\cos x$

(마) $y=\dfrac{1+x^2}{1-x^2}$

2. 음함수의 미분법을 이용하여 y''을 구하여라.

(가) $x^4+y^4=16$　　(나) $9x^2+y^2=1$

(다) $x^3+y^3=8$　　(라) $\sqrt{x}+\sqrt{y}=1$

3. $f(x)=\cos x$의 n계도함수 $f^{(n)}(x)$를 구하여라.

MEMO

Chapter 04 정적분

어떤 도형의 넓이를 계산할 때 정적분의 개념을 도입해서 사용할 수 있다. 우리가 잘 알고 있는 사각형이나 삼각형의 넓이는 공식에 의해 쉽게 구할 수 있을 것이나 예를 들어, 다음 사각형과 삼각형이 주어졌다고 하자.

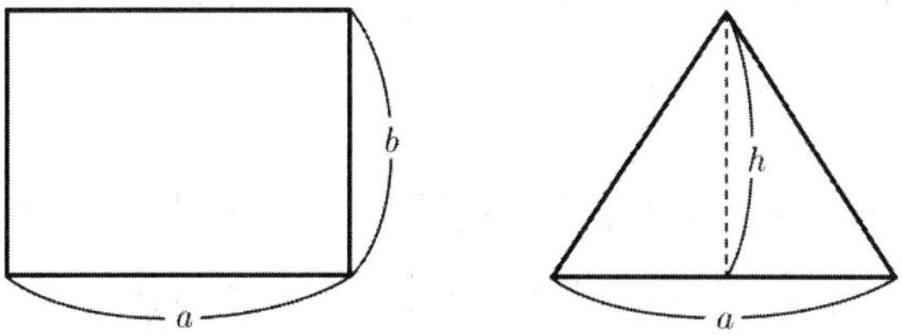

이때 사각형의 넓이는 ab이며, 삼각형의 넓이는 $\frac{1}{2}ah$가 될 것이다. 이 두 도형을 이용하면, 몇 가지 다른 도형의 넓이도 계산할 수 있을 것이다.

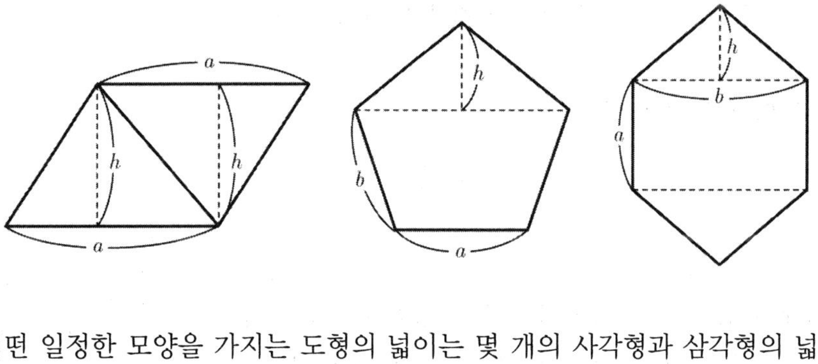

즉 어떤 일정한 모양을 가지는 도형의 넓이는 몇 개의 사각형과 삼각형의 넓이들의 합으로 계산될 수 있을 것이다.

그런데 어떤 곡선들에 의해 둘러싸인 도형의 넓이는 위에서 계산한 방법에 의해 쉽게 구할 수 없다.

만일 두 곡선 $y=f(x)$와 $y=g(x)$에 의해 둘러싸인 도형의 넓이는 우리가 알고 있는 지식으로 계산할 수 없다.

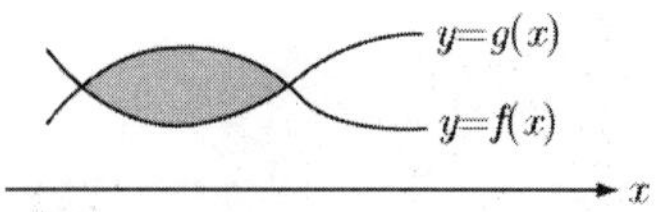

정적분을 정의하기 위해 다음 예를 들어 설명하도록 하겠다.

$y-x$와 $x=0$, $x=1$로 둘러싸인 도형의 넓이를 구해보도록 하자.

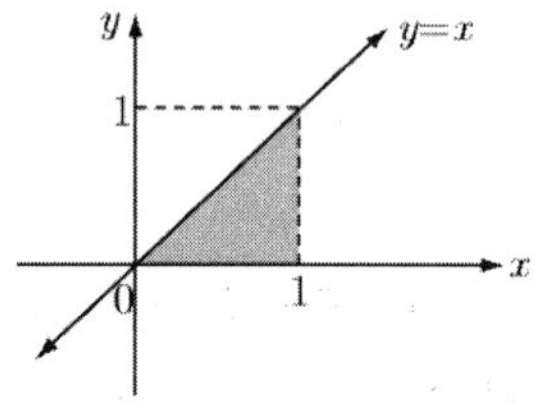

우리는 위의 도형이 직각 삼각형임을 알고 있기 때문에 이 도형의 넓이가 $\frac{1}{2}$이 됨을 알 수 있다.

그러나 다른 방법으로 도형의 넓이를 계산해보겠다.

위의 도형은 그래프 $y=x$를 구간 $[0,\ 1]$까지로 제한한 부분이다.

그래서 구간 $[0,\ 1]$을 두 개의 소구간으로 나누면, $\left[0,\ \frac{1}{2}\right]$과 $\left[\frac{1}{2},\ 1\right]$이 될 것이다.

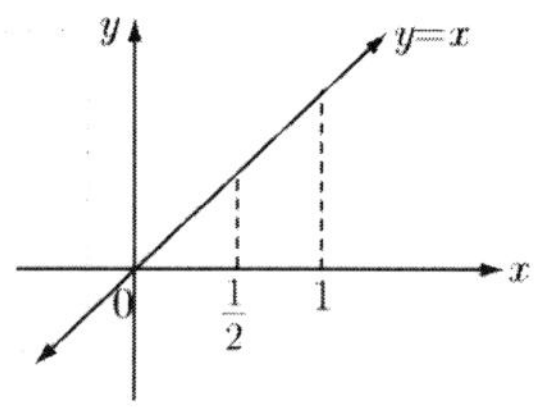

각 구간을 밑변으로 하는 직사각형을 만들어 각각의 넓이를 합산하는 방법을 생각해보자. 이 때 직사각형의 높이를 결정하는 데 두 가지 경우를 생각해 볼 수 있을 것이다.

즉 첫 번째 구간에서 x값에 대한 y값 가운데 가장 작은 값을 직사각형의 높이로 삼는 것이다. 마찬가지로 두 번째 구간에서도 x값에 대한 가장 큰 y값을 직사각형의 높이로 계산하는 것이다.

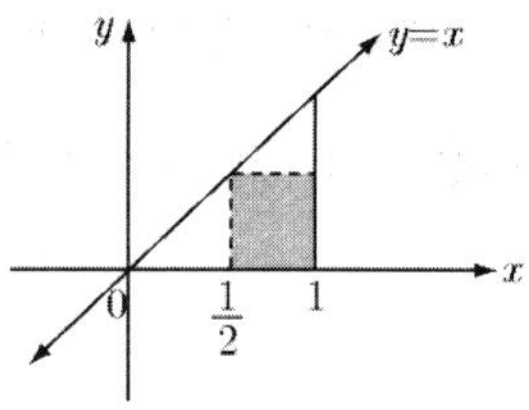

위의 그림처럼 빗금 친 부분이 첫 번째 방법에 의해 구하게 될 도형이 된다.

그래서 위 도형의 넓이는

$$\left(\frac{1}{2}\right)^2=\frac{1}{4}$$

이 된다.

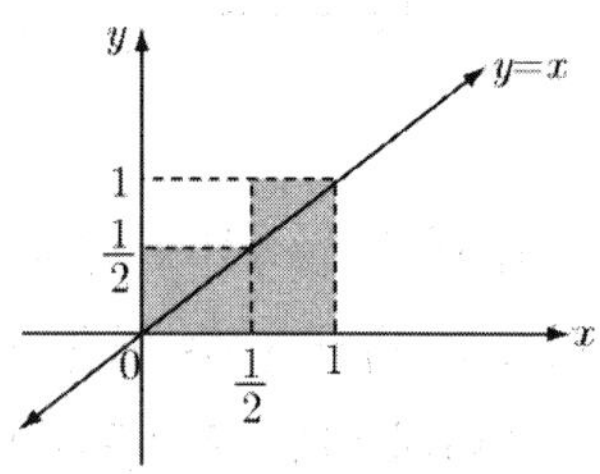

두 번째 방법은 각 구간에서 x값에 대한 y값 가운데 가장 큰 y값을 직사각형의 높이로 결정하는 것이다.

위의 그림에서 빗금 친 두 도형의 높이는

$$\frac{1}{4}+\frac{1}{2}=\frac{3}{4}$$

이 된다.

그러나 정확한 도형의 넓이는 아래 그림의 빗금 친 부분이므로, 이 때의 넓이는 $\frac{1}{2}$이고, 정확한 도형의 넓이는 두 가지 방법에 의해 구한 도형의 넓이, $\frac{1}{4}$과 $\frac{3}{4}$ 사이의 값이 됨을 알 수 있다.

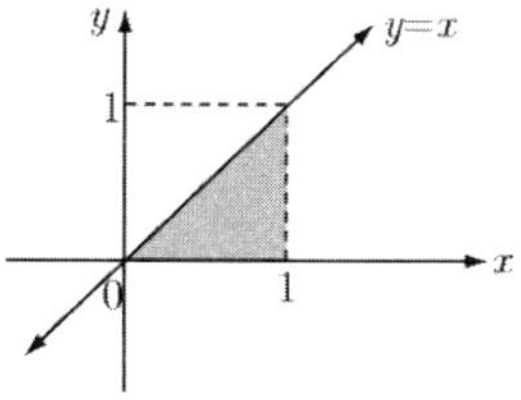

원래의 구간을 몇 개의 소구간으로 나누는 것을 분할한다고 말하고 기호로 P를 사용한다.

위의 경우 분할

$$P=\left\{0,\ \frac{1}{2},\ 1\right\}$$

이 된다.

만일 분할

$$P=\left\{0,\ \frac{1}{4},\ \frac{1}{2},\ \frac{3}{4},\ 1\right\}$$

를 위의 문제에 적용한다면, 구간 $[0,\ 1]$은 네 개의 소구간

$$\left[0,\ \frac{1}{4}\right],\ \left[\frac{1}{4},\ \frac{1}{2}\right],\ \left[\frac{1}{2},\ \frac{3}{4}\right],\ \left[\frac{3}{4},\ 1\right]$$

으로 나누어질 것이다. 각 구간에 의해 만들어지는 직사각형의 넓이들의 합을 두 가지 방법에 의해 계산해 보자.

첫 번째 방법에 의해 만들어지는 직사각형을 그림으로 그려보면 다음과 같다.

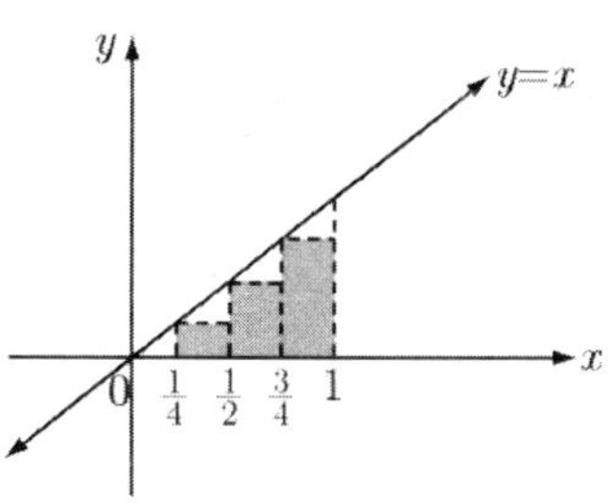

이 때 도형의 넓이는 세 개의 직사각형의 넓이의 합

$$\frac{1}{16}+\frac{1}{8}+\frac{3}{16}=\frac{6}{16}=\frac{3}{8}$$

이 된다.

두 번째 방법에 의해 만들어지는 직사각형을 그림으로 그려보면 아래 그림과 같게 될 것이다.

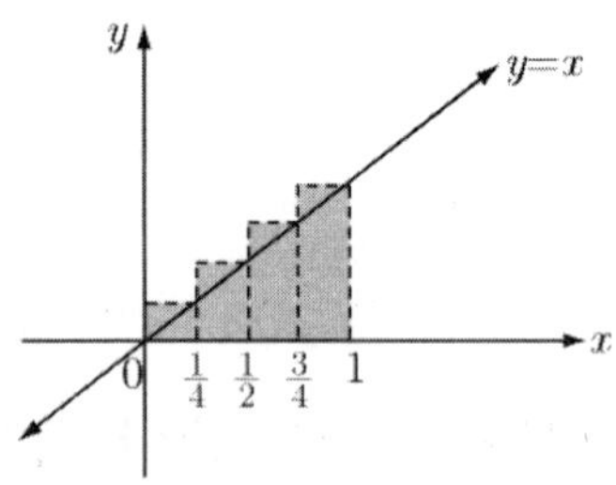

이때 위의 빗금 친 부분의 넓이는

$$\frac{1}{16}+\frac{1}{8}+\frac{3}{16}+\frac{1}{4}=\frac{10}{16}=\frac{5}{8}$$

이다.

그러므로 도형의 정확한 넓이 $\frac{1}{2}$은 $\frac{3}{8}$과 $\frac{5}{8}$ 사이의 값이며 $P=\left\{0,\ \frac{1}{2},\ 1\right\}$일 때, $\frac{1}{4}<\frac{1}{2}<\frac{3}{4}$=> $\frac{2}{8}<\frac{4}{8}<\frac{6}{8}$ 보다 $P=\left\{0,\ \frac{1}{4},\ \frac{1}{2},\ \frac{3}{4},\ 1\right\}$일 때 $\frac{3}{8}<\frac{4}{8}<\frac{5}{8}$의 관계가 좀 더 오차가 줄어들고 있음을 알게 된다.

일반적으로 구간 $[0,\ 1]$을 n등분 **분할** $P=\left\{0,\ \frac{1}{n},\ \frac{2}{n},\ \cdots,\ \frac{n}{n}\right\}$를 한다면,

$$\frac{1}{n}\left\{\frac{1}{n}+\frac{2}{n}+\cdots+\frac{n-1}{n}\right\}=\frac{1}{n^2}\frac{(n-1)n}{2}=\frac{1}{2}\left(1-\frac{1}{n}\right),$$

$$\frac{1}{n}\left\{\frac{1}{n}+\frac{2}{n}+\cdots+\frac{n}{n}\right\}=\frac{1}{n^2}\frac{n(n+1)}{2}=\frac{1}{2}\left(1+\frac{1}{n}\right)$$

그래서 $\frac{1}{2}\left(1-\frac{1}{n}\right)<\frac{1}{2}<\frac{1}{2}\left(1+\frac{1}{n}\right)$이 될 것이다.

그런데 $\lim\limits_{n\to\infty}\frac{1}{2}\left(1-\frac{1}{n}\right)=\frac{1}{2}$이며 $\lim\limits_{n\to\infty}\frac{1}{2}\left(1+\frac{1}{n}\right)=\frac{1}{2}$이 되므로, 구간 $[0,\ 1]$에서 x축과 $y=x$에 의해 둘러싸인 도형의 넓이는 분할 $P=\left\{0=x_0,\ \frac{1}{n}=x_1,\ \cdots,\ \frac{n}{n}=x_n\right\}$에 대해 $\lim\limits_{n\to\infty}\sum\limits_{k=1}^{n}x_k^*\frac{1}{n}$(단, $x_k^*\in[x_{i-1},\ x_i]$)이 된다.

정리하면, $n\to\infty$일 때 분할 $P=\left\{0,\ \frac{1}{n},\ \frac{2}{n},\ \cdots,\ \frac{n}{n}\right\}$에 대해 각 소구간에서 y값이 가장 작게 되는 x값을 취하거나 y값이 가장 크게 되는 x값을 취하더라도 상관없이 도형의 정확한 넓이는 극한을 이용해서 계산될 수 있다.

일반적으로 $y=f(x)$, x축, 구간 $[a,\ b]$에 의해 둘러싸인 도형의 넓이는 $\lim\limits_{n\to\infty}\sum\limits_{k=1}^{n}f(x_k^*)\Delta x$으로 계산되며 이 값은 기호 $\int_a^b f(x)dx$로 표시하고 **정적분**이라고 부른다.

이때 $\Delta x = \dfrac{b-a}{n}$로 정의한다.

위의 극한값이 존재할 때, f는 $[a,\ b]$에서 **적분 가능**하다고 말한다.

예제 4-1

$y=x^2$, x축, 구간 $[0,\ 1]$로 둘러싸인 도형의 넓이를 정적분 정의에 의해 구하시오.

풀이 $P=\left\{0,\ \dfrac{1}{n},\ \dfrac{2}{n},\ \cdots,\ \dfrac{n}{n}\right\}$이라 하자.

$$\begin{aligned}\int_0^1 x^2dx &= \lim_{n\to\infty}\left\{\left(\frac{1}{n}\right)^2+\left(\frac{2}{n}\right)^2+\cdots+\left(\frac{n-1}{n}\right)^2\right\}\frac{1}{n}\\ &= \lim_{n\to\infty}\frac{1}{n^3}\{1^2+2^2+\cdots+(n-1)^2\}\\ &= \lim_{n\to\infty}\frac{1}{n^3}\,\frac{(n-1)n(2n-1)}{6}\\ &= \lim_{n\to\infty}\frac{2n^2-3n+1}{6n^2}\\ &= \frac{1}{3}\end{aligned}$$

또는

$$\begin{aligned}\int_0^1 x^2dx &= \lim_{n\to\infty}\left\{\left(\frac{1}{n}\right)^2+\left(\frac{2}{n}\right)^2+\cdots+\left(\frac{n}{n}\right)^2\right\}\frac{1}{n}\\ &= \lim_{n\to\infty}\frac{1}{n^3}\{1^2+2^2+\cdots+n^2\}\\ &= \lim_{n\to\infty}\frac{1}{n^3}\,\frac{n(n+1)(2n+1)}{6}\\ &= \frac{1}{3}\text{이다}\end{aligned}$$

예제 4-2

$y=x^2+1$, x축, 구간 $[-1,\ 1]$로 둘러싸인 부분의 면적을 구하시오.

풀이 분할 $P=\left\{\frac{-n}{n},\ -\left(\frac{n-1}{n}\right),\ \cdots,\ -\frac{1}{n},\ 0,\ \frac{1}{n},\ \cdots,\ \frac{n}{n}\right\}$

$$\int_{-1}^{1}(x^2+1)dx$$

$$=\lim_{n\to\infty}\frac{1}{n}\left\{\left[\left(-\frac{n}{n}\right)^2+1\right]+\left[\left(-\frac{n-1}{n}\right)^2+1\right]\right.$$

$$\left.+\cdots+\left[\left(-\frac{1}{n}\right)^2+1\right]+\left[\left(\frac{1}{n}\right)^2+1\right]+\cdots+\left[\left(\frac{n}{n}\right)^2+1\right]\right\}$$

$$=\lim_{n\to\infty}\frac{1}{n^3}\{n^2+(n-1)^2+\cdots+1^2+n^3+1^2+2^2+\cdots+n^2+n^3\}$$

$$=2\lim_{n\to\infty}\frac{1}{n^3}\{1^2+2^2+\cdots+n^2\}+2\lim_{n\to\infty}1$$

$$=\lim_{n\to\infty}\frac{2}{n^3}\ \frac{n(n+1)(2n+1)}{6}+2$$

$$=\frac{4}{6}+2$$

$$=\frac{8}{3}$$

■

그러므로

$\int_{-1}^{1}(x^2+1)dx=2\int_{0}^{1}(x^2+1)dx$가 된다.

한편 주어진 구간 $[a,\ b]$에서 $f(x)\le 0$인 경우 이 구간에서 정적분 $\int_a^b f(x)dx\le 0$이기 때문에 도형의 넓이를 구할 때 $-\int_a^b f(x)dx$로 계산해야 한다.

또한 주어진 구간 $[a,\ b]$에서 $f(x)\ge 0$인 경우와 $f(x)\le 0$인 경우가 나타날 때, $f(x)$가 양수가 되는 구간에서는 원래의 정적분값을 구하고, $f(x)$가 음수가 되는 구간에서는 구한 정적분 값을 빼서 처음 것에 더한다.

예를 들어, $c\in[a,\ b]$이고 $[a,\ c]$에서 $f(x)\ge 0$이고 $[c,\ b]$에서 $f(x)\le 0$이면, $y=f(x)$와 x축, 그리고 구간 $[a,\ b]$로 둘러싸인 부분의 면적은 다음과 같이 계산된다.

$$\int_a^c f(x)dx - \int_c^b f(x)dx$$

정적분 정의를 이용하여 정적분의 몇 가지 성질들을 소개하겠다.

① $\int_a^a f(x)dx = 0$

$\int_a^a f(x)dx = \lim_{n\to\infty}\sum_{k=1}^{n} f(x_k^*)\triangle x_k$ 이므로

(여기서, $x_k^* \in [x_{k-1}\ x_k]$ 이며 $\triangle x_k = x_k - x_{k-1}$ 이다)

$\triangle x_k = 0$, $(k=1,\ 2,\ \cdots,\ n)$ 이므로

$\int_a^a f(x)dx = 0$ 이 된다.

② $\int_a^b f(x)dx = -\int_b^a f(x)dx$

$\int_a^b f(x)dx = \lim_{n\to\infty}\sum_{k=1}^{n} f(x_k^*)\triangle x_k$ 라고 하자.

(여기서 $\triangle x_k = x_k - x_{k-1}$ 이다)

이때

$$\begin{aligned}
\int_b^a f(x)dx &= \lim_{n\to\infty}\sum_{k=n}^{1} f(x_k^*)\triangle x_k{}',\ (\triangle x_k{}' = x_{k-1} - x_k) \\
&= \lim_{n\to\infty}\left\{f(x_n^*)\triangle x_n{}' + \cdots + f(x_1^*)\triangle x_1{}'\right\} \\
&= \lim_{n\to\infty}\left\{f(x_1^*)(x_0 - x_1) + \cdots + f(x_n^*)(x_{n-1} - x_n)\right\} \\
&= -\lim_{n\to\infty}\left\{f(x_1^*)(x_1 - x_0) + \cdots\ f(x_n^*)(x_n - x_{n-1})\right\} \\
&= -\lim_{n\to\infty}\sum_{k=1}^{n} f(x_k^*)\triangle x_k \\
&= -\int_a^b f(x)dx
\end{aligned}$$

만일 구간 $[a,\ b]$ 의 각 소구간의 길이를 일정하게 한다면 구간 $[a,\ b]$ 에서의 정적분 $\int_a^b f(x)dx$ 는 다음과 같이 정의될 수 있을 것이다.

$$\int_a^b f(x)dx = \lim_{n\to\infty}\sum_{k=1}^{n} f(x_k^*)\triangle x,\ x_k^* \in [x_{k-1},\ x_k].$$

③ $\int_a^b f(x)dx = \int_a^c f(x)dx + \int_c^b f(x)dx$

사실

$$\triangle x = \frac{b-a}{n}$$

이므로

$\int_a^b f(x)dx = \lim_{n\to\infty}\sum_{k=1}^{n} f(x_k^*)\frac{b-a}{n}$로 바꿔 쓸 수 있을 것이다.

그리고

$$\begin{aligned}\lim_{n\to\infty}\sum_{k=1}^{n} f(x_k^*)\frac{b-a}{n} &= \lim_{n\to\infty}\sum_{k=1}^{n} f(x_k^*)\frac{b-c+c-a}{n} \\ &= \lim_{n\to\infty}\sum_{k=1}^{n} f(x_k^*)\frac{b-c}{n} + \lim_{n\to\infty}\sum_{k=1}^{n} f(x_k^*)\frac{c-a}{n} \\ &= \int_c^b f(x)dx + \int_a^c f(x)dx \\ &= \int_a^c f(x)dx + \int_c^b f(x)dx\end{aligned}$$

연습문제 Exercises

1. 정적분 정의를 이용하여 다음을 구하여라.

(가) $\int_0^1 x^3 dx$

(나) $\int_1^3 \frac{1}{x} dx$

(다) $\int_1^2 (x^2 - 1) dx$

(라) $\int_0^1 x dx$

(마) $\int_0^3 (x^3 + 6x) dx$

2. 다음 적분을 간단히 나타내어라.

(가) $\int_{-2}^0 x^2 dx + \int_0^1 x^2 dx$

(나) $\int_3^6 x dx - \int_1^6 x dx$

(다) $\int_5^3 f(x) dx + \int_1^5 f(x) dx$

(라) $\int_2^3 g(x) dx - \int_2^{-1} g(x) dx + \int_0^{-1} g(x) dx$

MEMO

Chapter 05 부정적분

함수 $f(x)$가 연속함수이고 $\frac{dF(x)}{dx} = f(x)$인 관계를 가질 때 $F(x)$를 $f(x)$의 부정적분이라고 말한다. 그 기호로 $\int f(x)dx = F(x)$을 사용한다.

물론 $F(x)+c$(c : 실수)도 미분하면 $f(x)$를 얻게 되므로 우리는 **부정적분**을 다음과 같이 표현할 수 있을 것이다.

$$\int f(x)dx = F(x)+c$$

이때 $f(x)$를 **피적분함수**, c를 **적분상수**라고 말한다.

그러므로 우리는 미분과 적분이 역방향의 관계가 있음을 알게 된다. 부정적분의 정의를 이용해서 **부정적분 공식**을 유도해보겠다.

① $\left(\frac{x^{n+1}}{n+1}\right)' = x^n$이므로 $\int x^n dx = \frac{x^{n+1}}{n+1}+c,\ n\in\mathbb{R}$을 얻을 수 있다.

② $(\ln x)' = \frac{1}{x}$(단, $x>0$)이므로 $\int \frac{1}{x}dx = \ln x + c (x>0)$

만일 $x<0$이면, $\{\ln(-x)\}' = \frac{1}{x}$이므로

$$\int \frac{1}{x}dx = \ln(-x)+c \quad (x<0)$$

이 된다.

위의 두 경우 ($x>0,\ x<0$)를 종합해서 정리하면,

$$\int \frac{1}{x}dx = \ln|x|$$

를 얻게 된다.

두 가지 형태의 지수함수에 대한 부정적분 공식을 유도할 수 있다.

③ $(e^x)' = e^x$ 이므로 $\int e^x dx = e^x + c$가 된다.

④ $\left(\dfrac{a^x}{\ln a}\right)' = a^x$ 이므로 $\int a^x dx = \dfrac{a^x}{\ln a} + c,\ a \neq e$

⑤ $(-\cos x)' = \sin x$ 이므로 $\int \sin x dx = -\cos x + c$이다.

⑥ $(\sin x)' = \cos x$ 이므로 $\int \cos x dx = \sin x + c$이다.

⑦ $(\tan x)' = \sec^2 x$ 이므로 $\int \sec^2 x dx = \tan x + c$이다.

⑧ $(-\cot x)' = \operatorname{cosec}^2 x$ 이므로 $\int \operatorname{cosec}^2 x dx = -\cot x + c$이다.

⑨ $(\sec x)' = \sec x \tan x$를 이용하면, $\int \sec x \tan x = \sec x + c$

⑩ $(-\operatorname{cosec} x)' = \operatorname{cosec} x \cot x$가 되어, $\int \operatorname{cosec} x \cot x = -\operatorname{cosec} x + c$

앞에서 정적분을 계산할 때 극한을 이용하여 구했는데 이제 부정적분을 이용한 간단한 방법을 소개하도록 하겠다.

구간 $[a,\ b]$를 n등분 분할할 때 $\Delta x = \dfrac{b-a}{n}$가 되며, $x_0 = a,\ x_n = b$가 될 것이다. $F'(x) = f(x)$인 관계가 성립한다고 가정해보자.

그러면

$$\begin{aligned} F(b) - F(a) &= F(x_n) - F(x_{n-1}) + F(x_{n-1}) - F(x_{n-2}) \\ &\qquad + \cdots + \cdots + F(x_2) - F(x_1) + F(x_1) - F(x_0) \\ &= \sum_{i=1}^{n} \{F(x_i) - F(x_{i-1})\} \end{aligned}$$

여기서 함수 $F(x)$가 미분가능 ($F'(x)$존재)하므로 $F(x)$는 연속함수이고, 각 구간 $[x_{i-1},\ x_i]$에서 $F(x)$에 **평균값정리**를 적용할 수 있다.

$$\begin{aligned} F(x_i) - F(x_{i-1}) &= F'(x_i^*)(x_i - x_{i-1}),\ x_i^* \in [x_i - x_{i-1}] \\ &= f(x_i^*)\Delta x \end{aligned}$$

그러므로 $F(b) - F(a) = \sum_{i=1}^{n} f(x_i^*)\Delta x$를 얻게 된다.

여기에 극한을 취하면,

$$\lim_{n\to\infty}\{F(b)-F(a)\}=\lim_{n\to\infty}\sum_{i=1}^{n}f(x_i^*)\triangle x$$

$$F(b)-F(a)=\int_a^b f(x)dx$$

즉 구간 $[a,\ b]$에서 $f(x)$의 정적분 계산은 $f(x)$의 부정적분 $F(x)$를 구한 후, 함수 $F(x)$에 $x=b$를 대입한 값에서 함수 $F(x)$에 $x=a$를 대입한 값을 빼면 된다.

예제 5-1

$\int_0^1 x^2dx$의 값을 구하여라.

풀이 먼저 부정적분을 계산하면,

$$\int x^2dx=\frac{1}{3}x^3$$

을 얻게 된다.

여기에 $x=1$일 때의 함수 값 $\frac{1}{3}\cdot 1^3=\frac{1}{3}$과 $x=0$일 때의 함수값 $\frac{1}{3}\cdot 0^3=0$을 구하고 이 두 값의 차를 계산하면 된다.

즉

$\int_0^1 x^2dx=\frac{1}{3}-0=\frac{1}{3}$이 된다.

정적분 $\int_a^b f(x)dx$을 계산할 때 다음의 기호를 사용하면 편리할 것이다.

$$\begin{aligned}\int_a^b f(x)dx&=[F(x)]_a^b\\&=F(b)-F(a)\end{aligned}$$

■

예제 5-2

$\int_\pi^{2\pi}\sin x\,dx$의 값을 구하여라.

풀이 $\int_{\pi}^{2\pi} \sin x \, dx = [-\cos x]_{\pi}^{2\pi}$

$$= (-\cos 2\pi) - (-\cos \pi)$$
$$= -1 - (1)$$
$$= -2$$

■

예제 5-3

$\int_{-1}^{2} (x^2 - 2x) dx$의 값을 구하여라.

풀이 피적분함수가 여러 개로 이루어졌을 때 정적분이나 부정적분을 어떻게 구할 것인지 의문을 가질 것이다.

몇 가지 정적분의 성질들을 소개하면 다음과 같다.

① $\int cf(x)dx = c\int f(x)dx$, c : 상수

② $\int \{f(x) + g(x)\}dx = \int f(x)dx + \int g(x)dx$

③ $\int \{f(x) - g(x)\}dx = \int f(x)dx - \int g(x)dx$

그래서

$$\int_{-1}^{2} (x^2 - 2x)dx = \int_{-1}^{2} x^2 dx - \int_{-1}^{2} 2x dx$$
$$= \int_{-1}^{2} x^2 dx - 2\int_{-1}^{2} x dx$$
$$= \left[\frac{1}{3}x^3\right]_{-1}^{2} - 2\left[\frac{1}{2}x^2\right]_{-1}^{2}$$
$$= \frac{1}{3}\left\{2^3 - (-1)^3\right\} - 2 \cdot \frac{1}{2}\{2^2 - (-1)^2\}$$
$$= 3 - 3$$
$$= 0$$

■

위의 계산을 간단히 다음과 같이 할 수 있다.

$$\int_{-1}^{2}(x^2-2x)dx=\left[\frac{1}{3}x^3-x^2\right]_{-1}^{2}$$

예제 5-4

$\int_{0}^{2}2^x dx$ 의 값을 구하여라.

풀이 $\int_{0}^{2}2^x dx=\left[\frac{2^x}{\ln 2}\right]_0^2$

$$=\frac{1}{\ln 2}\left[2^x\right]_0^2$$

$$=\frac{1}{\ln 2}(2^2-1)$$

$$=\frac{3}{\ln 2}$$

■

예제 5-5

$\int_{-1}^{1}(x^2+1)dx$ 의 값을 구하여라.

풀이 $\int_{-1}^{1}(x^2+1)dx=\left[\frac{1}{3}x^3+x\right]_{-1}^{1}$

$$=\left(\frac{1}{3}+1\right)-\left(-\frac{1}{3}-1\right)$$

$$=2\cdot\frac{4}{3}$$

$$=\frac{8}{3}$$

■

위의 예제처럼 피적분함수가 우함수이며, 적분구간이 원점을 중심으로 같은 범위 내에서의 정적분 계산은 반쪽만 계산한 값에 두 배를 하면 된다. 왜냐하면 피적분함수가 y축에 대해 좌우대칭이기 때문이다.

삼각함수에서도 똑같이 적용된다.

예제 5-6

$\int_{-\frac{\pi}{2}}^{\frac{\pi}{2}} \cos x dx$의 값을 구하여라.

풀이

$$\int_{-\frac{\pi}{2}}^{\frac{\pi}{2}} \cos x dx = 2\int_{0}^{\frac{\pi}{2}} \cos x \, dx$$

$$= 2[\sin x]_{0}^{\frac{\pi}{2}}$$

$$= 2\left(\sin\frac{\pi}{2} - 0\right)$$

$$= 2$$

또는

$$\int_{-\frac{\pi}{2}}^{\frac{\pi}{2}} \cos x \, dx = 2\int_{-\frac{\pi}{2}}^{0} \cos x \, dx$$

$$= 2[\sin x]_{-\frac{\pi}{2}}^{0}$$

$$= 2\left(0 - \sin\left(-\frac{\pi}{2}\right)\right)$$

$$= 2\sin\frac{\pi}{2}$$

$$= 2$$

만일 피적분함수가 원점에 대칭인 기함수라면 어떤 결과를 예측할 수 있겠는가? 다음 예에서 살펴보도록 하겠다.

예제 5-7

$\int_{-1}^{1}(2x^3+x)dx$ 의 값을 구하여라.

풀이 $\int_{-1}^{1}(2x^3+x)dx=\left[\frac{1}{2}x^4+\frac{1}{2}x^2\right]_{-1}^{1}$

$=\left(\frac{1}{2}+\frac{1}{2}\right)-\left(\frac{1}{2}+\frac{1}{2}\right)$

$=0$

■

예제 5-8

$\int_{-\pi}^{\pi}\sin x dx$ 의 값을 구하여라.

풀이 $\int_{-\pi}^{\pi}\sin x dx=[-\cos x]_{-\pi}^{\pi}$

$=(-\cos\pi)-(-\cos(-\pi))$

$=1-1$

$=0$

■

정리해보면, 피적분함수가 기함수이고 적분구간이 원점을 중심으로 대칭인 경우 정적분 값은 0이 된다. 왜냐하면 왼쪽 반의 값과 오른쪽 반의 값이 상쇄되기 때문이다.

다음은 피적분함수가 **절대함수**인 경우를 생각해보겠다.

예를 들어, $y=|x|$의 그래프를 그려보자.

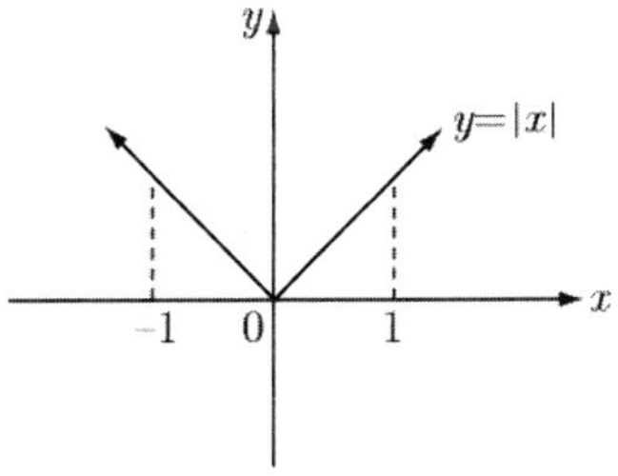

$$\begin{aligned}\int_{-1}^{1}|x|dx &= \int_{-1}^{0}(-x)dx + \int_{0}^{1}xdx \\ &= \left[-\frac{1}{2}x^2\right]_{-1}^{0} + \left[\frac{1}{2}x^2\right]_{0}^{1} \\ &= -\left(-\frac{1}{2}\right) + \frac{1}{2} \\ &= 1\end{aligned}$$

즉

$$|x| = \begin{cases} x \quad, & x \geq 0 \\ -x, & x < 0 \end{cases}$$

함수 $y = |x|$는 $x = 0$을 기준으로 두 경우를 가지게 된다. $x \geq 0$일 때 $y = x$이며, $x < 0$일 때 $y = -x$가 된다. 그러므로 적분구간과 기준되는 x값을 비교하여 적분구간을 세분해서 계산하면 된다.

예제 5-9

$\int_{-1}^{2}|x|dx$의 값을 구하여라.

풀이

$$\begin{aligned}\int_{-1}^{2}|x|dx &= \int_{-1}^{0}(-x)dx + \int_{0}^{2}xdx \\ &= \left[-\frac{1}{2}x^2\right]_{-1}^{0} + \left[\frac{1}{2}x^2\right]_{0}^{2} \\ &= -\left(-\frac{1}{2}\right) + 2 \\ &= \frac{5}{2}\end{aligned}$$

■

예제 5-10

$\int_{1}^{3}|x|dx$의 값을 구하여라.

풀이 $\int_1^3 |x|dx = \int_1^3 xdx$

$$= \left[\frac{1}{2}x^2\right]_1^3$$

$$= \frac{1}{2}\left(9-1\right)$$

$$= 4$$

■

위의 예제는 적분구간이 양수이므로 두 경우로 나눌 필요가 없었다. 마찬가지로 만일 적분구간이 음수부분에 놓여 있다면 $|x| = -x$를 주어진 적분구간에서 정적분하면 될 것이다.

예제 5-11

$\int_{-2}^{-1} |x|dx$의 값을 구하여라.

풀이 적분구간 $[-2,\ -1]$에서 $y=|x|$는 음수를 붙인 $-x$가 되므로

$$\int_{-2}^{-1} |x|dx = \int_{-2}^{-1} (-x)dx$$

$$= \left[-\frac{1}{2}x^2\right]_{-2}^{-1}$$

$$= -\frac{1}{2}(1-4)$$

$$= \frac{3}{2}$$

■

위의 예제들에서는 피적분함수가 단순히 $|x|$인 경우만을 가지고 살펴보았다.

이제 약간 더 복잡한 절대함수를 가지고 정적분계산을 시도해 보겠다. 만일 적분구간이 $[-1,\ 2]$이고 피적분함수가 $y=|x-1|$이라면 적분구간을 나누는 기준 값 $x=0$이 아니다. $x-1 \geq 0$인 경우와 $x-1<0$인 두 경우에 따라 절대함수가 결정된다.

이제는 $x=1$이 기준점이 되어 다음과 같이 쓸 수 있을 것이다.

$$|x-1| = \begin{cases} x-1 & , \ x \geq 1 \\ -(x-1), & x < 1 \end{cases}$$

그래서

$$\begin{aligned} \int_{-1}^{2} |x-1| dx &= \int_{-1}^{1} -(x-1) dx + \int_{1}^{2} (x-1) dx \\ &= \int_{-1}^{1} (1-x) dx + \int_{1}^{2} (x-1) dx \\ &= \left[x - \frac{1}{2}x^2 \right]_{-1}^{1} + \left[\frac{1}{2}x^2 - x \right]_{1}^{2} \\ &= \left\{ \left(1-\frac{1}{2}\right) - \left(-1-\frac{1}{2}\right) \right\} + \left\{ (2-2) - \left(\frac{1}{2}-1\right) \right\} \\ &= 2 + \frac{1}{2} \\ &= \frac{5}{2} \end{aligned}$$

예제 5-12

$\int_{-2}^{1} |3x+1| dx$의 값을 구하여라.

풀이 $|3x+1| = \begin{cases} 3x+1 & , \ x \geq -\frac{1}{3} \\ -(3x+1), & x < -\frac{1}{3} \end{cases}$

$$\begin{aligned} \int_{-2}^{1} |3x+1| dx &= -\int_{-2}^{-\frac{1}{3}} -(3x+1) dx + \int_{-\frac{1}{3}}^{1} (3x+1) dx \\ &= \left[-\frac{3}{2}x^2 - x \right]_{-2}^{-\frac{1}{3}} + \left[\frac{3}{2}x^2 + x \right]_{-\frac{1}{3}}^{1} \\ &= \left\{ \left(-\frac{1}{6}+\frac{1}{3}\right) - (-6+2) \right\} + \left\{ \left(\frac{3}{2}+1\right) - \left(\frac{1}{6}-\frac{1}{3}\right) \right\} \\ &= \frac{25}{6} + \frac{17}{6} \\ &= 7 \end{aligned}$$

연습문제 Exercises

1. 다음 부정적분을 구하여라.

(가) $\int (x^2 - 2x + 3)dx$ (나) $\int \frac{1}{\cos x} dx$

(다) $\int \left(\frac{2}{x^3} - \frac{3}{x^2}\right)dx$ (라) $\int 2^{x+1}dx$

(마) $\int \left(x + \frac{1}{x}\right)^2 dx$ (바) $\int \sec x \cos x dx$

(사) $\int 2\operatorname{cosec} x \sin x dx$ (아) $\int \frac{3\sin^2 x}{\cos^2 x} dx$

(자) $\int \left(\sqrt{s} + \frac{1}{\sqrt{s}}\right)ds$ (차) $\int \left(\frac{1}{x} - \frac{2}{x^2}\right)dx$

2. 다음 정적분을 구하여라.

(가) $\int_{-1}^{1} 1dx$ (나) $\int_{1}^{2} x^{-2}dx$

(다) $\int_{-1}^{2} (2x^2 - 3x + 1)dx$ (라) $\int_{0}^{\pi} (3\sin x - \cos x + 1)dx$

(마) $\int_{1}^{2} |2x - 3|dx$ (바) $\int_{0}^{3} |x - 2|dx$

(사) $\int_{-1}^{2} |2x + 1|dx$ (아) $\int_{0}^{1} |x + 1|dx$

MEMO

Chapter

06 치환적분법

일반적으로 피적분함수가 몇 개의 합성함수로 이루어져 있으므로 그런 함수의 적분이 특별한 적분법에 의해 계산될 수 있다. 크게 두 가지 방법으로 나누어질 수 있는데 그 가운데 첫 번째로 **치환적분법**을 소개하도록 하겠다.

다음 형태의 피적분함수를 생각해보자.

$$\int f(g(x))g'(x)dx$$

겉으로 볼 때 피적분함수는 두 개의 함수의 곱으로 이루어져 있으며 때때론 한 개의 합성함수만으로 이루어져 있기도 한다. 후자의 경우 상수 곱 정도가 실제로 곱해져 있다.

먼저 합성함수 가운데서 제일 먼저 실행되는 함수 $g(x)$를 어떤 문자로 치환한다. 즉 $g(x)$를 t라는 함수로 치환하자.

$$t = g(x)$$

두 번째 과정은 양변을 x에 대해 미분한다.

$$\frac{dt}{dx} = g'(x)$$

이때 $dt = g'(x)dx$를 얻을 수 있다.

마지막으로 문제의 피적분함수를 t와 dt로 모두 바꾼다. 그래서 원래의 문제에서 **적분변수**가 x이었지만, 치환 이후에는 적분변수가 t인 부정적분으로 변경된다.

$$\int f(g(x))g'(x)dx = \int f(t)dt$$

적분변수가 t인 오른쪽 항의 식은 적분공식을 이용하여 드디어 부정적분을 할 수 있게 된다. 여기서 주의사항은 t에 관한 함수를 원래의 x에 대한 함수로 환원시키는 것이다.

예를 들어보자.

$$\int x\left(\frac{1}{2}x^2+1\right)^2 dx$$

를 가지고 치환적분법을 이해해보겠다. 피적분함수는 두 함수의 곱으로 되어 있으며, 합성함수의 안쪽 함수를 미분한 함수가 합성함수 $\left(\frac{1}{2}x^2+1\right)^2$에 곱해져 있으므로 이 계산은 치환적분법을 이용할 수 있을 것이다.

그래서

$$t=\frac{1}{2}x^2+1$$

로 치환하고 양변을 x에 대해 미분하자.

$$\frac{dt}{dx}x=xdx$$

를 얻는다. 그래서 문자 t와 dt로 모두 변환하면,

$$\begin{aligned}\int x\left(\frac{1}{2}x^2+1\right)^2 dx &= \int t^2 dt\\ &= \frac{1}{3}t^3+c\\ &= \frac{1}{3}\left(\frac{1}{2}x^2+1\right)^3+c\end{aligned}$$

다음의 경우는 피적분함수가 두 함수의 곱이 아닌 한 개의 합성함수로 이루어져 있다.

$$\int (x+1)^2 dx$$

이 경우 합성함수가 한 개인 피적분함수로 보여지지만, 사실 상수 1이 곱해져 있는 치환적분법 형태이다.

먼저 합성함수 $(x+1)^2$의 안쪽 함수 $x+1$을 t로 치환하고 양변을 미분하면 다음 식을 얻을 수 있다.

$$t=x+1,\ \frac{dt}{dx}=1$$

그래서

$$\int (x+1)^2 1dx = \int t^2 dt$$
$$= \frac{1}{3}t^3 + c$$
$$= \frac{1}{3}(x+1)^3 + c$$

마지막으로 피적분함수에서 우리가 필요한 함수가 정확히 나타나지 않는 경우에 대해 살펴보겠다.

$$\int x(x^2+1)^2 dx$$

x^2+1을 t로 치환한 후 양변을 적분변수 x에 대해 적분 해 보자.

$$t = x^2+1,\ dt = 2x\ dx$$

우리가 필요한 나머지 함수가 $2x$인데 원래 문제에서는 x가 나타나고 있다.

그렇다고 이 문제가 치환적분법으로 해결할 수 없다고 성급히 포기해서는 안 된다. 상수곱의 차이는 적당한 상수의 곱으로 표현될 수 있기 때문이다. 즉

$dt = 2x\ dx$이지만 양변을 $\frac{1}{2}$을 곱하면 $\frac{1}{2}dt = x\ dx$를 얻게 되어,

$$\int x(x^2+1)^2 dx = \frac{1}{2}\int t^2 dt$$
$$= \frac{1}{2}\left(\frac{1}{3}t^3\right) + c$$
$$= \frac{1}{6}(x^2+1)^3 + c$$

이 된다.

예제 6-1

$\int \sqrt{x+1}\,dx$를 구하여라.

풀이 $t = x+1$로 치환하자. 그리고 양변을 미분한다.

$$\frac{dt}{dx} = \frac{d(x+1)}{dx},\ \frac{dt}{dx} = 1,\ dt = dx$$

$$\int \sqrt{x+1}\,dx = \int \sqrt{t}\,dt$$

$$= \int t^{\frac{1}{2}}\,dt$$

$$= \frac{2}{3}(x+1)^{\frac{3}{2}} + c$$

■

예제 6-2

$\int \frac{2x}{x^2+1}dx$를 구하여라.

풀이 $t = x^2+1$로 치환하자. 그리고 양변을 x에 대해 미분하면,

$\frac{dt}{dx} = 2x$, $dt = 2x\,dx$를 얻게 된다.

$$\int \frac{2x}{x^2+1}dx = \int \frac{1}{t}dt,\ (t>0)$$

$$= \ln t + c$$

$$= \ln(x^2+1) + c$$

■

예제 6-3

$\int \frac{\cos x}{\sin x}dx$를 구하여라.

풀이 $t = \sin x$로 치환하고 양변을 미분하면

$\frac{dt}{dx} = \cos x$, $dt = \cos x\,dx$를 얻게 된다.

$$\int \frac{\cos x}{\sin x}dx = \int \frac{1}{t}dt$$

$$= \ln|\sin x| + c$$

$\frac{\cos x}{\sin x} = \cot x$이므로

$\int \cot x\,dx = \ln|\sin x| + c$이다.

■

예제 6-4

$\int \sin(2x+1)dx$를 구하여라.

풀이 $t=2x+1$이라 하자. 양변을 x에 대해 미분하면,

$\frac{dt}{dx}=2$, $dt=2dx$를 얻는다.

$$\int \sin(2x+1)dx = \frac{1}{2}\int \sin t dt$$
$$= \frac{-1}{2}\cos(2x+1)+c$$

■

예제 6-5

$\int x\cos(x^2+2)dx$를 구하여라.

풀이 $t=x^2+2$로 치환하고 양변을 x에 대해 미분해보자.

$\frac{dt}{dx}=2x$, $\frac{1}{2}dt = x\,dx$

$$\int x\cos(x^2+2)dx = \frac{1}{2}\int \cos t\,dt$$
$$= \frac{1}{2}\sin(x^2+2)+c$$

■

예제 6-6

$\int \sin^2 x\,dx$를 구하여라.

풀이 $\cos(x+x) = \cos x\cos x - \sin x\sin x$와

$\cos(x-x) = \cos x\cos x + \sin x\sin x$를 이용하면,

$$\sin^2 x = \frac{1-\cos(2x)}{2}$$

를 얻게 된다.

그래서

$$\int \sin^2 x dx = \frac{1}{2}\int \{1 - \cos(2x)\} dx$$

를 계산하면 된다.

$$\int \cos(2x) dx = \frac{1}{2}\int \cos t\, dt$$

$$= \frac{1}{2}\sin(2x) + c$$ 이므로

$$\int \sin^2 x\, dx = \frac{1}{2}\left\{x - \frac{1}{2}\sin(2x)\right\} + c$$

$$= \frac{1}{2}x - \frac{1}{4}\sin(2x) + c$$

■

예제 6-7

$\int \cos^2 x dx$를 구하여라.

풀이 앞의 예제에서 사용된 삼각함수의 공식을 이용하면

$\cos^2 x = \dfrac{1 + \cos(2x)}{2}$를 얻을 수 있다.

그래서

$$\int \cos^2 x dx = \frac{1}{2}\int \{1 + \cos(2x)\} dx$$

$$= \frac{1}{2}\left\{x + \frac{1}{2}\sin(2x)\right\} + c$$

$$= \frac{1}{2}x + \frac{1}{4}\sin(2x) + c$$

■

예제 6-8

$\int \cos^2(2x) dx$를 구하여라.

풀이 다음 두 식을 더하여보자.

$\cos(2x+2x) = \cos(2x)\cos(2x) - \sin(2x)\sin(2x)$,

$\cos(2x-2x) = \cos(2x)\cos(2x) + \sin(2x)\sin(2x)$

그러면

$2\cos^2(2x) = \cos(4x)+1$, $\cos^2(2x) = \dfrac{1+\cos(4x)}{2}$ 이다.

그래서

$$\begin{aligned}\int \cos^2(2x)dx &= \frac{1}{2}\int \{1+\cos(4x)\}dx \\ &= \frac{1}{2}\left\{x+\frac{1}{4}\sin(4x)\right\}+c \\ &= \frac{1}{2}x+\frac{1}{8}\sin(4x)+c\end{aligned}$$

■

예제 6-9

$\int e^{3x+2}dx$를 구하여라.

풀이 $t = 3x+2$로 치환하자. 양변을 x에 대해 미분하면,

$$\frac{dt}{dx} = 3,\ \frac{1}{3}dt = dx$$

$$\begin{aligned}\int e^{3x+2}dx &= \frac{1}{3}\int e^t dt \\ &= \frac{1}{3}e^{3x+2}+c\end{aligned}$$

■

예제 6-10

$\int \frac{1}{x+1}dt$를 구하여라.

풀이 $t = x+1$로 치환하고 양변을 x에 대해 미분하면,

$$\frac{dt}{dx} = 1,\ dt = dx$$

$$\int \frac{1}{x+1}dt = \int \frac{1}{t}dt$$
$$= \ln|x+1| + c$$

■

예제 6-11

$\int \frac{1}{2x+3}dx$를 구하여라.

풀이 $t = 2x+3$으로 치환하고 양변을 x에 대해 미분하면,

$$\frac{dt}{dx} = 2,\ \frac{1}{2}dt = dx$$

$$\int \frac{1}{2x+3}dx = \frac{1}{2}\int \frac{1}{t}dt$$
$$= \frac{1}{2}\ln|2x+3| + c$$

■

연습문제 Exercises

1. 다음을 적분하여라.

(가) $\int x\left(\frac{1}{2}x^2+1\right)^3 dx$

(나) $\int \sqrt{2x+3}\,dt$

(다) $\int_0^1 \frac{x^2}{\sqrt{1+x^3}}dx$

(라) $\int_2^3 \frac{\ln x}{x}dx$

(마) $\int_0^{\frac{\pi}{2}} e^{\sin\theta}\cos\theta\,d\theta$

(바) $\int \frac{e^x+1}{e^x}dx$

(사) $\int_{\frac{\pi}{2}}^{\pi} \frac{\sin x}{1+\cos^2 x}dx$

(아) $\int \frac{1+x}{1+x^2}dx$

(자) $\int_0^{\sqrt{\frac{\pi}{2}}} x\cos(x^2)dx$

(차) $\int_e^{e^4} \frac{1}{x\sqrt{\ln x}}dx$

MEMO

Chapter 07 부분적분

두 함수 $f(x)$와 $g(x)$가 미분가능할 때, 두 하무의 곱의 미분공식이 다음과 같이 나타내진다.

$$\{f(x)g(x)\}' = f'(x)g(x) + f(x)g'(x)$$

위의 식의 양변을 부정적분하면,

$$\int \{f(x)g(x)\}'dx = \int f'(x)g(x)dx + \int f(x)g'(x)dx$$

우변의 두 번째 항에 대해 정리하면 다음과 같게 된다.

$$\int f(x)g'(x)dx = f(x)g(x) - \int f'(x)g(x)dx$$

이 식을 **부분적분법**이라고 말한다. 두 함수의 곱으로 피적분함수가 주어진 적분계산은 부분적분법으로 구할 수 있다. 여기서 중요한 점은 왼쪽 항(주어진 문제)의 적분을 계산할 수 없지만 이 방법을 이용해서 오른쪽 항의 두 번째 적분이 쉽게 계산되게 하는 것이다.

즉 $\int f(x)g'(x)dx$를 구할 수 없지만 $\int f'(x)g(x)dx$가 쉽게 계산되도록 문제의 피적분함수에서 $f(x)$와 $g'(x)$를 적당히 선택해야 한다.

예를 들어, $\int x\sin x\, dx$를 구하여 보자.

두 경우를 생각할 수 있을 것이다.

1) $f(x) = x,\ g'(x) = \sin x$

2) $f(x) = \sin x,\ g'(x) = x$

첫 번째 경우, $f'(x) = 1$과 $g(x) = \int g'(x)dx$이므로

$$g(x) = -\cos x$$

를 얻을 수 있다.

그러면 부분적분법 공식에 의해,

$$\int x\sin x\,dx = -x\cos x - \int 1(-\cos x)dx$$
$$= -x\cos x + \int \cos x\,dx$$
$$= -x\cos x + \sin x + c$$

를 얻는다.

두 번째 경우,

$f'(x) = \cos x,\ g(x) = \int x\,dx$이므로 $g(x) = \frac{1}{2}x^2$을 얻는다.

$$\int x\sin x\,dx = \sin x\left(\frac{1}{2}x^2\right) - \frac{1}{2}\int \cos x\,x^2 dx$$

여기서,

$\int x^2\cos x\,dx$를 해결하기 어렵다.

그래서 두 번째 방법은 적당하지 않다.

예제 7-1

$\int xe^x dx$를 구하여라.

풀이 이 문제를 부분적분법으로 풀기 위해서,

$$\int f'(x)g(x)dx$$

가 쉽게 풀릴 수 있는 형태가 되도록 문제에서 $f(x)$와 $g'(x)$를 결정해야 한다. 앞의 예에서 보았던 것처럼 $f(x) = x$로 놓으면 $f'(x) = 1$로 상수가 되어 결국 $\int g(x)dx$를 계산하기만 하면 될 것이다.

그래서 여기서도

$f(x) = x,\ g'(x) = e^x$

로 놓으면 쉽게 해결될 것이다.

$f'(x)=1,\ g(x)=e^x$이므로

$$\int xe^x dx = xe^x - \int 1e^x dx$$

$$= xe^x - e^x + c$$

■

예제 7-2

$\int x\ln x\, dx$를 구하여라.

풀이 $f(x)=x,\ g'(x)=\ln x$라고 하면,

$f'(x)=1,\ g(x)=\int \ln x\, dx$

그러나 아직은 $\int \ln x\, dx$를 해결할 수 없다.

그래서 이번에는 $f(x)=\ln x,\ g'(x)=x$라고 놓자.

그러면 $f'(x)=\frac{1}{x}$과 $g(x)=\frac{1}{2}x^2$을 얻게 된다.

$$\int x\ln x\, dx = \ln x\left(\frac{1}{2}x^2\right) - \int \frac{1}{x}\left(\frac{1}{2}x^2\right)dx$$

$$= \frac{1}{2}x^2\ln x - \frac{1}{2}\int x\, dx$$

$$= \frac{1}{2}x^2\ln x - \frac{1}{4}x^2 + c$$

■

예제 7-3

$\int x^2\ln x\, dx$를 구하여라.

풀이 $f(x)=\ln x,\ g'(x)=x^2$이라고 놓으면,

$f'(x)=\frac{1}{x},\ g(x)=\frac{1}{3}x^3$이 된다.

그래서,

$$\int x^2 \ln x\, dx = \ln x\left(\frac{1}{3}x^3\right) - \int \frac{1}{x}\left(\frac{1}{3}x^3\right)dx$$
$$= \frac{1}{3}x^3 \ln x - \frac{1}{3}\int x^2 dx$$
$$= \frac{1}{3}x^3 \ln x - \frac{1}{9}x^3 + c$$

■

위의 두 예제를 가지고 일반화시키면 다음과 같을 것이다.

$$\int x^n \ln x\, dx = \frac{1}{n+1}x^{n+1}\ln x - \left(\frac{1}{n+1}\right)^2 x^{n+1} + c$$

예제 7-4

$\int \frac{\ln x}{x}dx$를 구하여라.

풀이 $f(x) = \ln x$, $g'(x) = \frac{1}{x}$이라 하자.

그 때 $f'(x) = \frac{1}{x}$, $g(x) = \ln x$을 얻을 수 있다.

여기서 $g(x) = \ln|x|$일 필요는 없다.
왜냐하면 문제에서 $\ln x$의 $x > 0$이기 때문이다.

$$\int \frac{\ln x}{x}dx = \ln x \ln x - \int \frac{1}{x}\ln x\, dx$$
$$= (\ln x)^2 - \int \frac{\ln x}{x}dx$$

$$2\int \frac{\ln x}{x}dx = (\ln x)^2$$

이므로 양변에 $\frac{1}{2}$을 곱하면,

$$\int \frac{\ln x}{x}dx = \frac{(\ln x)^2}{2} + c$$

를 얻게 된다.

■

예제 7-5

$\int \frac{\ln x}{x^2}dx$를 구하여라.

풀이 $f(x) = \ln x,\ g'(x) = x^{-2}$이라 놓자.

그러면 $f'(x) = \frac{1}{x},\ g(x) = -\frac{1}{x}$을 얻게 된다.

그래서

$$\begin{aligned}\int \frac{\ln x}{x^2}dx &= -\frac{\ln x}{x} - \int \frac{1}{x}\left(-\frac{1}{x}\right)dx \\ &= -\frac{\ln x}{x} + \int \frac{1}{x^2}dx \\ &= -\frac{\ln x}{x} - \frac{1}{x} + c\end{aligned}$$

■

예제 7-6

$\int \frac{\ln x}{x^3}dx$를 구하여라.

풀이 $f(x) = \ln x,\ g'(x) = x^{-3}$이라 놓자.

그러면 $f'(x) = \frac{1}{x}$이고 $g(x) = -\frac{1}{2}x^{-2}$이 된다.

$$\begin{aligned}\int \frac{\ln x}{x^3}dx &= \ln x\left(-\frac{1}{2}x^{-2}\right) - \int \frac{1}{x}\left(-\frac{1}{2}x^{-2}\right)dx \\ &= -\frac{\ln x}{2x^2} + \frac{1}{2}\int \frac{1}{x^3}dx \\ &= -\frac{\ln x}{2x^2} - \frac{1}{4x^2} + c\end{aligned}$$

■

위의 두 예제를 가지고 일반화시키면 다음과 같을 것이다.

$$\int \frac{\ln x}{x^n}dx = -\frac{\ln x}{(n-1)x^{n-1}} - \frac{1}{(n-1)^2x^{n-1}} + c$$

예제 7-7

$\int x^2 2^x dx$를 구하여라.

풀이 $f(x)=x^2$, $g'(x)=2^x$라고 놓자.

그때 $f'(x)=2x$, $g(x)=\frac{2^x}{\ln 2}$을 얻는다.

$$\int x^2 2x dx = x^2 \frac{2^x}{\ln 2} - \int (2x)\frac{2^x}{\ln 2}dx$$

$$= \frac{x^2 \cdot 2^x}{\ln 2} - \frac{2}{\ln 2}\int x2^x dx$$

그러므로 오른쪽 항의 두 번째 항을 한 번 더 부분적분하여야 한다.

$$\int x2^x dx = x\frac{2^x}{\ln 2} - \int 1\frac{2^x}{\ln x}dx$$

$$= \frac{x2^x}{\ln 2} - \frac{2^x}{(\ln 2)^2} + c$$

$$\int x^2 2^x dx = \frac{x^2 2^x}{\ln 2} - \frac{2}{\ln 2}\left\{\frac{x2^x}{\ln 2} - \frac{2^x}{(\ln 2)^2}\right\} + c$$

$$= \frac{x^2 2^x}{\ln 2} - \frac{x2^{x+1}}{(\ln 2)^2} + \frac{2^{x+1}}{(\ln 2)^3} + c$$

■

예제 7-8

$\int e^x \sin x dx$를 구하여라.

풀이 지수함수 e^x은 미분과 적분을 해도 항상 똑같다. 그리고 삼각함수 $\sin x$나 $\cos x$는 미분하거나 적분하면 서로 반복해서 나타난다. 즉 $\sin x$는 $\pm\cos x$가 되고 $\cos x$는 $\pm\sin x$가 된다. 그렇기 때문에 부분적분 공식에서 오른쪽 변에 나타나는 부정적분

$$\int f'(x)g(x)dx = \pm\int e^x \cos x\, dx$$

가 될 것이다.

즉

1) $f(x)=e^x$, $g'(x)=\sin x$라 놓으면,

$\int f'(x)g(x)dx=-\int e^x\cos x\,dx$이고

2) $f(x)=\sin x$, $g'(x)=e^x$라 놓으면,

$\int f'(x)g(x)dx=\int e^x\cos x\,dx$이다.

첫 번째 방법을 가지고 풀이해보겠다.

$\int e^x\sin x\,dx=-e^x\cos x+\int e^x\cos x\,dx$이고,

$\int e^x\cos x\,dx=e^x\sin x-\int e^x\sin x\,dx$이므로

두 번째 식을 첫 번째 식에 대입해 보면,

$$\int e^x\sin x\,dx=-e^x\cos x+\left\{e^x\sin x-\int e^x\sin x\,dx\right\}$$

그러므로,

$$2\int e^x\sin x\,dx=-e^x\cos x+e^x\sin x+c$$

$$\int e^x\sin x\,dx=\frac{e^x}{2}\{-\cos x+\sin x\}+c$$

■

예제 7-9

$\int_1^2 \ln x\,dx$를 구하여라.

풀이 얼핏보면 피적분함수가 한 개의 함수 $\ln x$로 착각할 수 있다.

그러나 $1\cdot\ln x$로 이루어진 피적분함수이다.

이때,

$f(x)=\ln x$, $g'(x)=1$로 놓으면,

$f'(x)=\frac{1}{x}$, $g(x)=x$를 얻게 된다.

$$\begin{aligned}\int_1^2 1 \cdot \ln x \, dx &= [x \ln x]_1^2 - \int_1^2 \frac{1}{x} \cdot x \, dx \\ &= [x \ln x]_1^2 - [x]_1^2 \\ &= (2\ln 2 - \ln 1) - (2-1) \\ &= 2\ln 2 - 1\end{aligned}$$

■

연습문제 Exercises

1. 다음을 구하여라.

(가) $\int_0^1 \tan^{-1}x\,dx$

(나) $\int xe^{2x}dx$

(다) $\int x\sin(3x)dx$

(라) $\int x3^x dx$

(마) $\int xe^{-x}dx$

(바) $\int_1^4 \sqrt{x}\ln^x dx$

(사) $\int x\sec^2 x\,dx$

(아) $\int_0^1 \frac{t}{e^{2t}}dt$

(자) $\int_0^1 (y^2+1)e^{-y}dy$

(차) $\int e^{2x}\sin 3x\,dx$

MEMO

Chapter 08 다양한 형태의 적분

8.1 삼각함수의 적분

다음 두 가지 형태를 가진 **삼각함수의 적분**에 대해 살펴보겠다.

(1) $\int \sin^m x \cos^n x \, dx$

(2) $\int \sec^m x \tan^n x \, dx$

가장 간단한 예를 들어보겠다. $\sin x$와 $\cos x$는 서로 미분관계를 가진다.

그래서 $\int \sin x \cos x \, dx$을 풀기 위해 어떤 함수를 치환하는 치환적분법을 이용하면 될 것이다.

$t = \sin x$로 치환하고 양변을 x에 대해 미분해 보자.

그때

$$\frac{dt}{dx} = \cos x, \ dt = \cos x \, dx$$

$$\begin{aligned} \int \sin x \cos x \, dx &= \int t dt \\ &= \frac{1}{2} t^2 + c \\ &= \frac{1}{2} \sin^2 x + c \end{aligned}$$

물론 $t = \cos x$로 치환해도 마찬가지 결과를 얻게 된다.

$$\int \sin x \cos x \, dx = -\int t \, dt$$

$$=-\frac{1}{2}t^2+c$$

$$=-\frac{1}{2}\cos^2 x+c$$

$$=-\frac{1}{2}(1-\sin^2 x)+c$$

$$=\frac{1}{2}\sin^2 x-\frac{1}{2}+c$$

$$=\frac{1}{2}\sin^2 x+c$$

$\int \sec^m x\tan^n x$에서 $m=n=1$인 경우 부정적분 공식이 된다. 즉

$$\int \sec x\tan x\, dx=\sec x+c$$

예제 8-1

$\int \sin^2 x\cos x\, dx$를 구하여라.

풀이 $t=\sin x$, $dt=\cos x\, dx$이므로

$$\int \sin^2 x\cos x\, dx=\int t^2 dt$$

$$=\frac{1}{3}\sin^3 x+c$$

■

예제 8-2

$\int \sin^3 x\cos x\, dx$를 구하여라.

풀이 $t=\sin x$, $dt=\cos x\, dx$이므로

$$\int \sin^3 x\cos x\, dx=\int t^3 dt$$

$$=\frac{1}{4}\sin^4 x+c$$

■

예제 8-3

$\int \sin^2 x \cos^3 x \, dx$를 구하여라.

풀이 $\sin^2 x + \cos^2 x = 1$을 이용하자.

$\cos^2 x = 1 - \sin^2 x$이므로

$$\begin{aligned}\int \sin^2 x \cos^2 x \cos x \, dx &= \int \sin^2 x (1 - \sin^2 x) \cos x \, dx \\ &= \int \sin^2 x \cos x \, dx - \int \sin^4 x \cos x \, dx\end{aligned}$$

$t = \sin x$, $dt = \cos x \, dx$이므로

$$\begin{aligned}\int \sin^2 x \cos^3 x \, dx &= \int t^2 dt - \int t^4 dt \\ &= \frac{1}{3}\sin^3 x - \frac{1}{5}\sin^5 x + c\end{aligned}$$

■

예제 8-4

$\int \sin^2 x \cos^2 x dx$를 구하여라.

풀이 $\sin^2 x = \dfrac{1 - \cos(2x)}{2}$, $\cos^2 x = \dfrac{1 + \cos(2x)}{2}$를 이용하자.

$$\begin{aligned}\int \sin^2 x \cos^2 x dx &= \int \frac{1 - \cos(2x)}{2} \frac{1 + \cos(2x)}{2} dx \\ &= \frac{1}{4}\int [1 - \cos^2(2x)] dx\end{aligned}$$

$\cos^2(2x) = \dfrac{1 + \cos(4x)}{2}$이고,

$$\int \cos(4x) dx = \frac{1}{4}\sin(4x)$$

$$\begin{aligned}\int \cos^2(2x) dx &= \int \frac{1 + \cos(4x)}{2} dx \\ &= \frac{1}{2}\left\{x + \frac{1}{4}\sin(4x)\right\} + c\end{aligned}$$

그러므로

$$\begin{aligned}\int \sin^2 x \cos^2 x dx &= \frac{1}{4}\int [1-\cos^2(2x)]dx \\ &= \frac{1}{4}\int 1dx - \frac{1}{4}\int \cos^2(2x)dx \\ &= \frac{1}{4}x - \frac{1}{4}\left\{\frac{x}{2}+\frac{1}{8}\sin(4x)\right\}+c \\ &= \frac{x}{8}-\frac{1}{32}\sin(4x)+c\end{aligned}$$

■

예제 8-5

$\int \sec^2 x \tan x\, dx$를 구하여라.

풀이 $t=\sec x,\ dt=\sec x \tan x\, dx$이므로

$$\begin{aligned}\int \sec^2 x \tan x\, dx &= \int \sec x \sec x \tan x\, dx \\ &= \int t dt \\ &= \frac{1}{2}t^2+c \\ &= \frac{1}{2}\sec^2 x + c\end{aligned}$$

■

예제 5-6

$\int \sec^3 x \tan x\, dx$를 구하여라.

풀이 $t=\sec x,\ dt=\sec x \tan x\, dx$이므로

$$\begin{aligned}\int \sec^3 x \tan x\, dx &= \int t^2 dt \\ &= \frac{1}{3}\sec^3 x + c\end{aligned}$$

■

예제 8-7

$\int \sec x dx$를 구하여라.

풀이 $\int \sec x dx = \int \frac{\sec x(\sec x + \tan x)}{\sec x + \tan x} dx$

$t = \sec x + \tan x$로 치환하고 양변을 미분하면

$dt = (\sec x \tan x + \sec^2 x)dx$를 얻게 된다.

이 식을 다시 정리하면,

$dt = \sec x(\sec x + \tan x)$가 된다.

$$\int \sec x dx = \int \frac{1}{t} dt$$
$$= \ln|t| + c$$
$$= \ln|\sec x + \tan x| + c$$

■

예제 8-8

$\int \sec^3 x dx$를 구하여라.

풀이 $\int \sec^3 x dx = \int \sec x \sec^2 x dx$

부분적분법을 이용하자.

$f(x) = \sec x$, $g'(x) = \sec^2 x$라고 놓으면

이 때, $f'(x) = \sec x \tan x$와 $g(x) = \tan x$를 얻는다.

$$\int \sec x \sec^2 x dx = \sec x \tan x - \int \sec x \tan^2 x dx$$

그래서

$$\int \sec^3 x dx = \sec x \tan x - \int \sec x(\sec^2 x - 1)dx$$
$$= \sec x \tan x - \int \sec^3 x dx + \int \sec x dx$$

$$2\int \sec^3 x dx = \sec x \tan x + \ln|\sec x + \tan x| + c$$

그러므로

$$\int \sec^3 x\, dx = \frac{1}{2}\sec x \tan x + \frac{1}{2}\ln|\sec x + \tan x| + c$$

■

예제 8-9

$\int \sec x \tan^2 x dx$를 구하여라.

풀이 $\int \sec x(\sec^2 x - 1)dx = \int \sec^3 x\, dx - \int \sec x\, dx$

$$= \frac{1}{2}\sec x \tan x + \frac{1}{2}\ln|\sec x + \tan x| - \ln|\sec x + \tan x| + c$$

$$= \frac{1}{2}\sec x \tan x - \frac{1}{2}\ln|\sec x + \tan x| + c$$

■

예제 8-10

$\int \sec x \tan^3 x\, dx$를 구하여라.

풀이 $\tan^2 x = \sec^2 x - 1$을 이용한다.

그리고 $t = \sec x$로 치환하자.

그러면 $dt = \sec x \tan x\, dx$를 얻는다.

$$\int \sec x \tan^3 x\, dx = \int \sec x \tan x \tan^2 x\, dx$$

$$= \int \sec x \tan x(\sec^2 x - 1)dx$$

$$= \int (t^2 - 1)dt$$

$$= \frac{1}{3}t^3 - t + c$$

$$= \frac{1}{3}\sec^3 x - \sec x + c$$

■

예제 8-11

$\int \sec^2 x \tan^3 x\, dx$를 구하여라.

풀이 $t = \sec x$로 치환하면 $dt = \sec x \tan x\, dx$이다.

$$\begin{aligned}\int \sec^2 x \tan^3 x\, dx &= \int \sec^2 x(\sec^2 x - 1)\tan x\, dx \\ &= \int (\sec^3 x - \sec x)\sec x \tan x\, dx \\ &= \int (t^3 - t)dt \\ &= \frac{1}{4}\sec^4 x - \frac{1}{2}\sec^2 x + c\end{aligned}$$

■

$\int \sec^m x \tan^n x\, dx$에서, $m \geq 2$이고 n이 짝수인 자연수라면 적분이 불가능하다고 생각된다. $m = 1$인 경우 앞의 예제에서 적분이 가능하였다.

즉

$$\int \sec x \tan^2 x\, dx = \frac{1}{2}\sec x \tan x - \frac{1}{2}\ln|\sec x + \tan x| + c$$

8.2 삼각치환 적분법

피적분함수가 제곱근인 경우 제곱근 안의 함수가 삼각함수의 제곱형태로 만들 수 있게 된다면 제곱근을 제거할 수 있어서 적분이 가능하다.

물론 피적분함수가 다음의 경우일 때 삼각치환을 할 수 있다.

(1) $\sqrt{1-x^2}$

(2) $\sqrt{1+x^2}$

(3) $\sqrt{x^2-1}$

첫 번째 형태는 $\sin^2\theta = 1 - \cos^2\theta$ 또는 $\cos^2\theta = 1 - \sin^2\theta$ 공식을 이용한다.

두 번째 형태는 $1 + \tan^2 = \sec^2\theta$공식을 이용하여,

세 번째 형태는 $\tan^2\theta = \sec^2\theta - 1$공식을 이용한다.

간단한 예를 들면,

$\int \sqrt{1-x^2}\,dx$를 가지고 설명하겠다.

만일 $x=\cos\theta$로 치환하면 $\sqrt{1-\cos^2\theta}=\sqrt{\sin^2\theta}=\sin\theta \quad (0 \le \theta \le \pi)$이 된다.

$dx=-\sin\theta d\theta$를 얻게 되어

$$\begin{aligned}\int \sqrt{1-x^2}\,dx &= -\int \sin^2\theta d\theta \\ &= -\int \frac{1-\cos(2\theta)}{2}d\theta \\ &= -\frac{1}{2}\theta+\frac{1}{4}\sin(2\theta)+c\end{aligned}$$

이다.

이때 θ를 x에 대한 함수로 환원해야 할 것이다.

$\sin(2\theta)=2\sin\theta\cos\theta$이며

$$\sin\theta\cos\theta=\sqrt{1-\cos^2\theta}\,\cos\theta=x\sqrt{1-x^2}$$

로 고쳐 쓸 수 있을 것이다.

그러므로

$$\begin{aligned}\int \sqrt{1-x^2}\,dx &= -\frac{1}{2}\cos^{-1}x+\frac{1}{4}(2\sin\theta\cos\theta)+c \\ &= -\frac{1}{2}\cos^{-1}x+\frac{1}{2}(x\sqrt{1-x^2})+c\end{aligned}$$

이다.

예제 8-12

$\int \sqrt{1+x^2}\,dx$를 구하여라.

풀이 $x=\tan\theta \quad \left(-\frac{\pi}{2}<\theta<\frac{\pi}{2}\right)$로 치환하자. 이때

$dx=\sec^2\theta d\theta$를 얻게 된다.

$\sqrt{1+x^2}=\sqrt{1+\tan^2\theta}=\sec\theta$

$$\begin{aligned}\int \sqrt{1+x^2}\,dx &= \int \sec\theta\sec^2\theta d\theta \\ &= \int \sec^3\theta d\theta \\ &= \frac{1}{2}\sec\theta\tan\theta + \frac{1}{2}\ln|\sec\theta+\tan\theta| + c \\ &= \frac{1}{2}x\sqrt{1+x^2} + \frac{1}{2}\ln|\sqrt{1+x^2}+x| + c \\ &= \frac{x\sqrt{1+x^2}}{2} + \frac{\ln(\sqrt{1+x^2}+x)}{2} + c\end{aligned}$$

■

예제 8-13

$\int \sqrt{x^2-1}\,dx$를 구하여라.

풀이 $x = \sec\theta \quad \left(0 \le \theta < \frac{\pi}{2}\right)$로 치환하면,

$dx = \sec\theta\tan\theta d\theta$를 얻게 된다.

$\sqrt{x^2-1} = \sqrt{\sec^2\theta - 1} = \tan\theta$

$$\begin{aligned}\int \sqrt{x^2-1}\,dx &= \int \tan\theta\sec\theta\tan\theta d\theta \\ &= \int \sec\theta\tan^2\theta d\theta\end{aligned}$$

■

앞의 예제에서

$$\int \sec\theta\tan^2\theta d\theta = \frac{1}{2}\sec\theta\tan\theta - \frac{1}{2}\ln|\sec\theta+\tan\theta| + c$$

임을 구하였다. 그러므로

$$\begin{aligned}\int \sqrt{x^2-1}\,dx &= \frac{\sec\theta\tan\theta}{2} - \frac{\ln|\sec\theta+\tan\theta|}{2} + c \\ &= \frac{x\sqrt{x^2-1}}{2} - \frac{\ln(x+\sqrt{x^2-1})}{2} + c\end{aligned}$$

위의 세 가지 형태를 좀 더 응용해보면 다음 세 가지로 제안할 수 있을 것이다.

(1) $\sqrt{a^2 - x^2}$

(2) $\sqrt{a^2 + x^2}$

(3) $\sqrt{x^2 - a^2}$

이 가운데 첫 번째 경우에 대한 예를 들어 설명하겠다.

예제 8-14

$\int \sqrt{4-x^2}\,dx$를 구하여라.

풀이 $x = 2\cos\theta \quad (0 \le \theta \le \pi)$로 치환하면, $dx = -2\sin\theta d\theta$를 얻게 되고

$\sqrt{4-x^2} = \sqrt{4-4\cos^2\theta} = 2\sin\theta$이 된다.

$$\begin{aligned}\int \sqrt{4-x^2}\,dx &= \int 2\sin\theta(-2\sin\theta)d\theta \\ &= -4\int \sin^2\theta d\theta \\ &= -4\int \frac{1-\cos(2\theta)}{2}d\theta \\ &= -2\left\{\theta - \frac{\sin(2\theta)}{2}\right\} + c \\ &= -2\theta + \sin(2\theta) + c \\ &= -2\theta + 2\sin\theta\cos\theta + c \\ &= -2\cos^{-1}\left(\frac{x}{2}\right) + 2\frac{\sqrt{4-x^2}}{2}\frac{x}{2} + c \\ &= -2\cos^{-1}\left(\frac{x}{2}\right) + \frac{x\sqrt{4-x^2}}{2} + c\end{aligned}$$

■

예제 8-15

$\int \sqrt{9-2x^2}\,dx$를 구하여라.

풀이 $x = \frac{3}{\sqrt{2}}\cos\theta \quad (0 \le \theta \le \pi)$라고 놓자. 그러면

$dx = \frac{-3}{\sqrt{2}}\sin\theta d\theta$, $\sqrt{9-2x^2} = \sqrt{9 - 2 \cdot \frac{9}{2}\cos^2\theta} = 3\sin\theta$를 얻게 된다.

이때 $\cos\theta = \frac{\sqrt{2}}{3}x$로부터 $\theta = \cos^{-1}\left(\frac{\sqrt{2}}{3}x\right)$를 얻는다. 그러므로

$$\int \sqrt{9-2x^2}\,dx = \int 3\sin\theta\left(\frac{-3}{\sqrt{2}}\sin\theta\right)d\theta$$
$$= -\frac{9}{\sqrt{2}}\int \sin^2\theta d\theta$$
$$= -\frac{9}{\sqrt{2}}\int \frac{1-\cos(2\theta)}{2}d\theta$$
$$= -\frac{9}{2\sqrt{2}}\left\{\theta - \frac{\sin(2\theta)}{2}\right\}+c$$
$$= -\frac{9\sqrt{2}}{4}\theta + \frac{9\sqrt{2}}{8}2\sin\theta\cos\theta + c$$
$$= -\frac{9\sqrt{2}}{4}cos^{-1}\left(\frac{\sqrt{2}}{3}x\right)+\frac{9\sqrt{2}}{4}\frac{\sqrt{9-2x^2}}{3}\frac{\sqrt{2}\,x}{3}+c$$
$$= -\frac{9\sqrt{2}}{4}\cos^{-1}\left(\frac{\sqrt{2}}{3}x\right)+\frac{x\sqrt{9-2x^2}}{2}+c$$

■

8.3 분수함수의 적분

$\frac{g(x)}{f(x)}$가 분수함수이기 위해 $f(x)$의 차수가 $g(x)$의 차수보다 커야 한다. 즉 $\deg f(x) > \deg g(x)$. 이제부터 a와 b가 상수라고 하자.

여기서 가장 기본이 되는 부정적분 공식은 $\int \frac{1}{x}dx = \ln|x|+c$이다.

그리고 $\int \frac{1}{x+b}dx$ 또는 $\int \frac{1}{x-b}dx$도 $\ln|x \pm b|+c$로 적분된다.

그러나 $\int \frac{1}{ax+b}dx = \frac{1}{a}\ln|ax+b|+c$임을 앞에서 다룬 바 있다.

이 세 가지 공식이 **분수함수의 적분**에서 중요한 역할을 하게 될 것이다.

(1) $\int \frac{1}{x}dx = \ln|x|+c$

(2) $\int \frac{1}{x \pm b}dx = \ln|x \pm b|+c$

(3) $\int \frac{1}{ax \pm b} dx = \frac{1}{a} \ln|ax \pm b| + c \quad (a,\ b \in \mathbb{R})$

예를 들어, $\frac{1}{6} = \frac{1}{2} - \frac{1}{3}$로 표현된다.

마찬가지로 분수함수를 몇 개의 **부분분수**로 쪼개서 적분할 수 있을 것이다.

예를 들어보겠다.

$\int \frac{1}{x^2-1} dx$를 구한다고 하자.

$\frac{1}{x^2-1} = \frac{1}{(x-1)(x+1)}$로 인수분해 되어, $\frac{1}{x^2-1} = \frac{a}{x-1} + \frac{b}{x+1}$와 같이 두 개의 분수들의 합으로 표현될 수 있다. 상수 a와 b를 찾을 수 있다면,

$$\begin{aligned} \int \frac{1}{x^2-1} dx &= a \int \frac{1}{x-1} dx + b \int \frac{1}{x+1} dx \\ &= a \ln|x-1| + b \ln|x+1| + c \end{aligned}$$

이 될 것이다.

상수 a와 b를 찾기 위해 계수비교법을 이용한다. 즉

$$\frac{1}{x^2-1} = \frac{a(x+1)+b(x-1)}{x^2-1}$$

이므로

$$1 = (a+b)x + (a-b)$$

를 만족해야 한다. 그러기 위해 계수를 비교하면

$$a+b=0,\ a-b=1$$

이 되어야 한다.

두 식을 연립하여 풀면, $a = \frac{1}{2}$과 $b = -\frac{1}{2}$을 얻게 된다.

그러므로

$$\int \frac{1}{x^2-1} dx = \frac{1}{2} \ln|x-1| - \frac{1}{2} \ln|x+1| + c$$

이와 같이 분수함수의 분모를 인수분해하여 각 인수들이 분모가 되는 몇 개의 분수식들의 합으로 표현하는 것을 부분분수로 나눈다고 말한다.

분수함수를 부분분수식으로 나누는 방법이 두 가지가 있다.

첫 번째 유형은 분모가 인수분해 되었을 때 각 인수들의 차수가 1차식인 경우이다. 그래서 분모의 차수가 1차식이므로 분자는 상수값을 가지게 될 것이다. 즉 **부분분수**로 다음과 같이 나누어진다.

Ⅰ. $\dfrac{1}{(x-A)(x-B)}=\dfrac{a}{(x-A)}+\dfrac{b}{(x-B)}$,

$\dfrac{1}{x(x-A)(x-B)}=\dfrac{a}{x}+\dfrac{b}{x-A}+\dfrac{c}{x-B}$,

$\dfrac{1}{x^2(x-A)}=\dfrac{a}{x}+\dfrac{b}{x^2}+\dfrac{c}{x-A}$.

두 번째 유형은 분모가 인수분해 되었을 때 인수들의 차수가 1차식이 아닌 경우이다. 그래서 분모의 차수가 1차식이 아닌 n차$(n\geqq 1)$식이므로 분자는 $(n-1)$차식으로 놓아야 될 것이다.

몇 가지 예를 소개하겠다.

Ⅱ. $\dfrac{1}{(x-A)(x^2+Bx+C)}=\dfrac{a}{x-A}+\dfrac{bx+c}{(x^2+Bx+C)}$,

(여기서 x^2+Bx+C는 더 이상 인수분해가 안 된다)

$\dfrac{1}{(x^2+A)(x^3+Bx^2+Cx+D)}=\dfrac{ax+b}{x^2+A}+\dfrac{cx^2+dx+e}{x^3+Bx^2+Cx+D}$,

(여기서 분모의 두 인수가 더 이상 인수분해가 안 된다)

$\dfrac{1}{x^2(x^2+Ax+B)^2}=\dfrac{a}{x}+\dfrac{b}{x^2}+\dfrac{cx+d}{(x^2+Ax+B)}+\dfrac{ex+f}{(x^2+Ax+B)^2}$.

예제 8-16

$\displaystyle\int\frac{1}{x(x+1)}dx$를 구하여라.

풀이 $\dfrac{1}{x(x+1)}=\dfrac{a}{x}+\dfrac{b}{x+1}$로 나누어질 것이다. 통분한 후 상수 a와 b를 구하면,

$\dfrac{1}{x(x+1)}=\dfrac{a(x+a)+bx}{x(x+1)}$을 얻게 되고 이것을 정리하면

$1=(a+b)x+a$라는 항등식을 얻게 된다.

이때 계수들을 비교하면 $a+b=0$과 $a=1$이 되어야 한다. 그래서

$a=1$, $b=-1$이 된다.

그러므로

$$\int \frac{1}{x(x+1)}dx = \int \frac{1}{x}dx - \int \frac{1}{x+1}dx$$
$$= \ln|x| - \ln|x+1| + c$$

■

예제 8-17

$\displaystyle\int \frac{1}{x^2-2x-3}dx$를 구하여라.

풀이 $x^2-2x-3=(x-3)(x+1)$로 인수분해 되므로,

$$\int \frac{1}{x^2-2x-3}dx = \int \frac{a}{x-3}dx + \int \frac{b}{x+1}dx$$
$$= a\ln|x-3| + b\ln|x+1| + c$$

상수 a와 b를 구하면 될 것이다.

$$\frac{1}{x^2-2x-3} = \frac{a(x+1)+b(x-3)}{x^2-2x-3}$$

$1=(a+b)x+(a-3b)$

$a+b=0$과 $a-3b=1$을 연립해서 풀면,

$a=\frac{1}{4}$, $b=-\frac{1}{4}$을 얻게 된다.

그러므로

$$\int \frac{1}{x^2-2x-3}dx = \frac{1}{4}\ln|x-3| - \frac{1}{4}\ln|x+1| + c$$

■

예제 8-18

$\displaystyle\int \frac{x+2}{x^2-2x-3}dx$를 구하여라.

풀이 위 예제와 비슷한 방법으로 풀면 되는데, 단지 다른 점은 분자가 상수가 아니라 1차식이라는 것이다. 계수비교를 해보면,

$x+2=a(x+1)+b(x-3)$이고

$a+b=1$, $a-3b=2$을 만족하는 a와 b를 찾으면 될 것이다.

그래서 $a=\dfrac{5}{4}$이고 $b=-\dfrac{1}{4}$이 된다.

$$\int \frac{x+2}{x^2-2x-3}dx = \frac{5}{4}\ln|x-3| - \frac{1}{4}\ln|x+1| + c$$

■

예제 8-19

$\displaystyle\int \frac{x+1}{x^2(x-1)}dx$를 구하여라.

풀이 $$\frac{x+1}{x^2(x-1)} = \frac{a}{x} + \frac{b}{x^2} + \frac{c}{x-1}$$
$$= \frac{ax(x-1)+b(x-1)+cx^2}{x^2(x-1)}$$

$x+1=(a+c)x^2+(-a+b)x-b$

$a+c=0$, $-a+b=1$, $-b=1$

그러므로

$b=-1$, $a=-2$, $c=2$를 얻게 된다.

$$\int \frac{x+1}{x^2(x-1)}dx = -2\int \frac{1}{x}dx - \int \frac{1}{x^2}dx + 2\int \frac{1}{x-1}dx$$
$$= -2\ln|x| + \frac{1}{x} + 2\ln|x-1| + c$$

■

예제 8-20

$\displaystyle\int \frac{x}{(x+1)(x^2+1)}dx$를 구하여라.

풀이 $$\frac{x}{(x+1)(x^2+1)} = \frac{a}{x+1} + \frac{bx+c}{x^2+1}$$

$$= \frac{a(x^2+1)+(bx+c)(x+1)}{(x+1)(x^2+1)}$$

$$= \frac{(a+b)x^2+(b+c)x+(a+c)}{(x+1)(x^2+1)}$$

즉 $x=(a+b)x^2+(b+c)x+(a+c)$를 만족하는

상수 a, b, c를 찾도록 하겠다. 그러므로

$a+b=0$, $b+c=1$, $a+c=0$을 만족하는

상수 a, b, c는 다음과 같게 된다.

$a=-\frac{1}{2}$, $b=\frac{1}{2}$, $c=\frac{1}{2}$

그러므로

$$\int \frac{x}{(x+1)(x^2+1)}dx = -\frac{1}{2}\int \frac{1}{x+1}dx + \frac{1}{2}\int \frac{x+1}{x^2+1}dx$$

$$= -\frac{1}{2}\int \frac{1}{x+1}dx + \frac{1}{2}\int \frac{x}{x^2+1}dx + \frac{1}{2}\int \frac{1}{x^2+1}dx$$

오른쪽 변의 두 번째 항은 치환적분법을 이용하면 될 것이다.

$\int \frac{x}{x^2+1}dx$에서 $x^2+1=t$로 치환하면, $dt=2xdx$이며

다시 정리하면 $\frac{1}{2}dt=xdx$가 된다.

$$\int \frac{x}{x^2+1}dx = \frac{1}{2}\int \frac{1}{t}dt$$

$$= \frac{1}{2}\ln(x^2+1)+c$$

세 번째 항에 대해 역시 치환적분법을 이용해보자.

$x=\tan\theta$로 치환하고 미분하면 $dx=\sec^2\theta d\theta$가 된다.

그래서

$$\int \frac{1}{x^2+1}dx = \int \frac{1}{\tan^2\theta+1}sec^2\theta d\theta$$

$$= \int \frac{1}{\sec^2\theta}\sec^2\theta d\theta$$

$$= \int 1 d\theta$$

$$= \theta + c$$

$$= \tan^{-1}x + c$$

그러므로

$$\int \frac{x}{(x+1)(x^2+1)}dx = -\frac{1}{2}\ln|x+1| + \frac{1}{4}\ln(x^2+1) + \frac{1}{2}\tan^{-1}x + c$$

■

예제 8-21

$\int \frac{-x^3+2x^2-x+1}{x(x^2+1)^2}dx$를 구하여라.

풀이 $\frac{-x^3+2x^2-x+1}{x(x^2+1)^2} = \frac{a}{x} + \frac{bx+c}{(x^2+1)} + \frac{dx+e}{(x^2+1)^2}$ 부분분수로 분해된다.

오른쪽 항을 통분하면,

$$\frac{a(x^2+1)^2 + (bx+c)x(x^2+1) + (dx+e)x}{x(x^2+1)^2}$$

$$= \frac{(a+b)x^4 + cx^3 + (2a+b+d)x^2 + (c+e)x + a}{x(x^2+1)^2}$$

$$-x^3+2x^2-x+1 = (a+b)x^4 + cx^3 + (2a+b+d)x^2 + (c+e)x + a$$

$a+b=1,\ c=-1,\ 2a+b+d=2,\ c+e=-1,\ a=1$

그러므로 $b=-1,\ d=1,\ e=0$을 얻는다.

$$\int \frac{-x^3+2x^2-x+1}{x(x^2+1)^2}dx$$

$$= \int \frac{1}{x}dx - \int \frac{x+1}{x^2+1}dx + \int \frac{x}{(x^2+1)^2}dx$$

$$= \int \frac{1}{x}dx - \int \frac{x}{x^2+1}dx - \int \frac{1}{x^2+1}dx + \int \frac{x}{(x^2+1)^2}dx$$

$\int \frac{x}{x^2+1}dx = \frac{1}{2}\int \frac{1}{t}dt$, ($t = x^2+1$로 치환)

$$= \frac{1}{2}\ln(x^2+1) + c$$

$\int \frac{1}{x^2+1}dx = \tan^{-1}x + c$ ($x = \tan\theta$로 치환)

오른쪽 항의 마지막 항을 적분하기 위하여 $t = x^2+1$로 치환하자.

$$\int \frac{x}{(x^2+1)^2}dx = \frac{1}{2}\int \frac{1}{t^2}dt$$
$$= -\frac{1}{2(x^2+1)} + c$$

그래서

$$\int \frac{-x^3+2x^2-x+1}{x(x^2+1)^2}dx = \ln|x| - \frac{1}{2}\ln(x^2+1) - \tan^{-1}x - \frac{1}{2(x^2+1)} + c$$

■

8.4 무리함수의 적분

피적분함수에 무리식이 포함된 경우 무리식을 치환한다.

예를 들면, $\int \frac{1}{\sqrt{x+1}}dx$에서 무리식이 $\sqrt{x+1}$ 이므로

$t = \sqrt{x+1}$ 로 치환하자. (물론, $t = x+1$로 치환하여 풀 수도 있다.)

그러면 $dt = \frac{1}{2\sqrt{x+1}}dx$, $2tdt = dx$를 얻게 된다.

$$\int \frac{1}{\sqrt{x+1}}dx = 2\int \frac{1}{t}tdt$$
$$= 2t + c$$
$$= 2\sqrt{x+1} + c$$

만일 위의 문제를 $t = x+1$로 치환해서 풀었을 때와 비교해보자.

$$\int \frac{1}{\sqrt{x+1}}dt = \int \frac{1}{\sqrt{t}}dt$$
$$= 2t^{\frac{1}{2}} + c$$
$$= 2\sqrt{x+1} + c$$

두 방법 모두 동일한 결과를 얻게 됨을 볼 수 있다.

예제 8-22

$\int \frac{1}{2+\sqrt{x}}dx$를 구하여라.

풀이 $t=2+\sqrt{x}$로 치환하자. 그리고 양변을 미분하면,

$dt=\frac{1}{2\sqrt{x}}dx$, $2(t-2)dt=dx$를 얻게 된다.

$$\begin{aligned}\int \frac{1}{2+\sqrt{x}}dx &= \int \frac{2(t-2)}{t}dt \\ &= \int 1dt - \int \frac{2}{t}dt \\ &= 2t-4\ln|t|+c \\ &= 2(2+\sqrt{x})-4\ln(2+\sqrt{x})+c \\ &= 2\sqrt{x}-4\ln(2+\sqrt{x})+c\end{aligned}$$

(상수 4는 적분상수 c에 흡수되었다)

■

예제 8-23

$\int x\sqrt{x-1}\,dx$를 구하여라.

풀이 $t=\sqrt{x-1}$로 치환하면 $dt=\frac{1}{2\sqrt{x-1}}dx$,

$2tdt=dx$를 얻게 된다. x를 t에 관한 식으로 표현하기 위해

$t=\sqrt{x-1}$를 제곱해보자. 그러면

$x=t^2+1$을 얻을 수 있다.

$$\begin{aligned}\int x\sqrt{x-1}\,dx &= \int (t^2+1)t2tdt \\ &= 2\int (t^4+t^2)dt \\ &= \frac{2}{5}(\sqrt{x-1})^5+\frac{2}{3}(\sqrt{x-1})^3+c\end{aligned}$$

■

예제 8-24

$\int \frac{x^5}{\sqrt{x^2+1}}dx$를 구하여라. (단, $x \geq 0$)

풀이 $t=\sqrt{x^2+1}$로 치환하면 $dt=\frac{2x}{2\sqrt{x^2+1}}dx$이므로

$\frac{\sqrt{x^2+1}}{x}dt=dx$를 얻는다.

x를 t에 관한 식으로 고쳐쓰기 위해

$t=\sqrt{x^2+1}$의 양변을 제곱하자.

이 때 $t^2-1=x^2$에서 $x=\sqrt{t^2-1}$와 $x^5=(t^2-1)^{\frac{5}{2}}$을 얻는다.

$$\int \frac{x^5}{\sqrt{x^2+1}}dx = \int \frac{(t^2-1)^{\frac{5}{2}}}{t}\frac{t}{\sqrt{t^2-1}}dt$$
$$= \int (t^2-1)^2 dt$$
$$= \int (t^4-2t^2+1)dt$$
$$= \frac{1}{5}\left(\sqrt{x^2+1}\right)^5 - \frac{2}{3}\left(\sqrt{x^2+1}\right)^3 + \sqrt{x^2+1} + c$$

■

예제 8-25

$\int \frac{x}{1+\sqrt{x}}dx$를 구하여라.

풀이 $t=1+\sqrt{x}$로 치환하자.

$dt=\frac{1}{2\sqrt{x}}dx$, $2\sqrt{x}\,dt=dx$이며 $\sqrt{x}=t-1$이므로

$dx=2(t-1)dt$를 얻게 된다.

$$\int \frac{x}{1+\sqrt{x}}dx = \int \frac{(t-1)^2}{t}2(t-1)dt$$
$$= 2\int \frac{(t-1)^3}{t}dt$$

$$= 2\left\{\int (t^2 - 3t + 3)dt - \int \frac{1}{t}dt\right\}$$

$$= \frac{2}{3}(1+\sqrt{x})^3 - 3(1+\sqrt{x})^2 + 6(1+\sqrt{x}) - 2\ln(1+\sqrt{x}) + c$$

■

예제 8-26

$\int \frac{1}{1+\sqrt[3]{x}}dx$를 구하여라.

풀이 $t = 1 + \sqrt[3]{x}$로 치환하자.

$dt = \frac{1}{3}x^{-\frac{2}{3}}dx$, $3x^{\frac{2}{3}}dt = dx$이고

$x^{\frac{1}{3}} = t - 1$이므로 $x^{\frac{2}{3}} = (t-1)^2$이 된다.

그래서 $dx = 3(t-1)^2 dt$를 얻게 된다.

$$\int \frac{1}{1+\sqrt[3]{x}}dx = \int \frac{1}{t}3(t-1)^2 dt$$

$$= 3\int (t - 2 + \frac{1}{t})dt$$

$$= \frac{3}{2}(1+\sqrt[3]{x})^2 - 6(1+\sqrt[3]{x}) + 3\ln|1+\sqrt[3]{x}| + c$$

■

예제 6-27

$\int_9^{16} \frac{\sqrt{x}}{x-2}dx$를 구하여라.

풀이 $t = \sqrt{x}$로 치환하자.

$dt = \frac{1}{2\sqrt{x}}dx$, $dx = 2t\,dt$이며

적분구간도 $x = 9$일 때 $t = 3$, $x = 16$일 때 $t = 4$가 된다.

$x - 2 = t^2 - 2$으로 바꿔 쓸 수 있다.

$$\int_9^{16} \frac{\sqrt{x}}{x-2}dx = \int_3^4 \frac{t}{t^2-2}2t\,dt$$

$$= 2\int_3^4 \frac{t^2}{t^2-2}dt$$

$$= 2\int_3^4 \left(1+\frac{2}{t^2-2}\right)dt$$

$\frac{1}{t^2-2} = \frac{a}{(t-2)} + \frac{b}{(t+2)}$ 로 부분분수로 분해될 수 있어서 오른쪽 항을 통분하고 왼쪽 항과 계수를 비교하면

$$1 = a(t+2) + b(t-2),$$

$$a+b=0,\ (a-b) = \frac{1}{2}$$

그래서 연립해서 상수 a와 b를 찾으면,

$$a = \frac{1}{4},\ b = -\frac{1}{4}$$

이 된다.

그러므로

$$\int_9^{16} \frac{\sqrt{x}}{x-2}dx = [2t]_3^4 + [\ln|t-2| - \ln|t+2|]_3^4$$

$$= 2 + (\ln 2 - \ln 6) - (\ln 1 - \ln 5)$$

$$= 2 + \ln 2 + \ln 5 - \ln 6$$

$$= 2 + \ln 2 + \ln 5) - (\ln 2 + \ln 3)$$

$$= 2 - \ln 3 + \ln 5$$

예제 8-28

$\int_0^{\ln\frac{3}{4}} \sqrt{1-e^x}\,dx$를 구하여라.

풀이 $t=\sqrt{1-e^x}$ 로 치환하자. 그리고 양변을 미분하면,

$dx=\dfrac{2t}{t^2-1}dt$를 얻게 된다.

적분구간도 t의 값으로 변하게 된다.

$x=0$일 때 $t=0$이며, $x=\ln\dfrac{3}{4}$일 때 $t=\dfrac{1}{2}$이 된다.

그래서

$$\int_0^{\ln\frac{3}{4}}\sqrt{1-e^x}\,dx=\int_0^{\frac{1}{2}}t\frac{2t}{t^2-1}dt$$
$$=2\int_0^{\frac{1}{2}}\left(1+\frac{1}{t^2-1}\right)dt$$

$\dfrac{1}{t^2-1}=\dfrac{a}{t-1}+\dfrac{b}{t+1}$ 부분분수로 분해되어

$1=(a+b)t+(a-b)$을 만족하는 a와 b를 찾으면

$a=\dfrac{1}{2}$, $b=-\dfrac{1}{2}$을 얻는다.

$$\int_0^{\frac{1}{2}}\frac{1}{t^2-1}dt=\frac{1}{2}\int_0^{\frac{1}{2}}\frac{1}{t-1}dt-\frac{1}{2}\int_0^{\frac{1}{2}}\frac{1}{t+1}dt$$
$$=\frac{1}{2}[\ln|t-1|]_0^{\frac{1}{2}}-\frac{1}{2}[\ln|t+1|]_0^{\frac{1}{2}}$$
$$=\frac{1}{2}\left(\ln\frac{1}{2}-\ln 1\right)-\frac{1}{2}\left(\ln\frac{3}{2}-\ln 1\right)$$
$$=\frac{1}{2}\left(\ln\frac{1}{2}-\ln\frac{3}{2}\right)$$

그러므로

$$\int_0^{\ln\frac{3}{4}}\sqrt{1-e^x}\,dx=1+\frac{1}{2}\ln\frac{1}{2}-\frac{1}{2}\ln\frac{3}{2}$$

■

연습문제 Exercises

1. 다음을 적분하여라.

(가) $\int \cos^3 x dx$

(나) $\int \sin^5 x \cos^2 x dx$

(다) $\int \sec^2 x \tan^2 x$

(라) $\int \operatorname{cosec} x dx$

(마) $\int \tan^3 x dx$

(바) $\int \sin^4 x dx$

(사) $\int \tan^6 x \sec^4 x dx$

(아) $\int_0^{\frac{\pi}{2}} \cos^5 x dx$

(자) $\int_0^{\frac{\pi}{4}} \sec^4\theta \tan^4\theta d\theta$

(차) $\int_{\frac{\pi}{6}}^{\frac{\pi}{2}} \cot^2\theta d\theta$

2. 다음을 적분하여라.

(가) $\int \sqrt{1-4x^2}\, dx$

(나) $\int \frac{1}{\sqrt{x^2+16}} dx$

(다) $\int \sqrt{9+x^2}\, dx$

(라) $\int_0^1 \sqrt{x^2+1}\, dx$

(마) $\int \frac{x}{\sqrt{x^2+4}} dx$

(바) $\int \frac{1}{x^2\sqrt{16-x^2}} dx$

(사) $\int_{-\frac{5}{2}}^{\frac{5}{2}} \sqrt{25-4x^2}\, dx$

(아) $\int_{-6}^{-3} \frac{\sqrt{x^2-9}}{x} dx$

3. 다음을 적분하여라.

(가) $\int \frac{x+5}{x^2+x-2} dx$

(나) $\int \frac{x^3+x}{x-1} dx$

(다) $\int \frac{1}{x(x+1)^2} dx$

(라) $\int \frac{x}{(x+2)^3} dx$

(마) $\int \frac{1}{x(x-3)(x+1)} dx$

(바) $\int \frac{x^2-2x+1}{2x^3+3x^2-2x} dx$

(사) $\int \frac{1}{x(x^2+1)}dx$ (아) $\int_3^4 \frac{5}{x^2+x-6}dx$

4. 다음을 적분하여라.

(가) $\int x^3\sqrt{3x-2}\,dx$ (나) $\int \frac{1}{x+\sqrt{x-1}}dx$

(다) $\int \frac{\sqrt{x}}{1+\sqrt{x}}dx$ (라) $\int \frac{x^3}{\sqrt{x+1}}dx$

(마) $\int \frac{e^x}{\sqrt{e^x-1}}dx$

MEMO

Chapter 09 정적분의 응용

9.1 여러 곡선에 의해 둘러싸인 도형의 넓이

도형의 넓이를 정적분의 개념을 이용하여 계산할 수 있음을 앞에서 살펴보았다.

예를 들어, $y=f(x)$와 $y=g(x)$에 의해 둘러싸인 부분을 $x=a$부터 $x=b$까지의 넓이를 계산한다고 했을 때 다음 그림으로부터 **도형의 넓이**에 대한 공식을 소개하겠다.

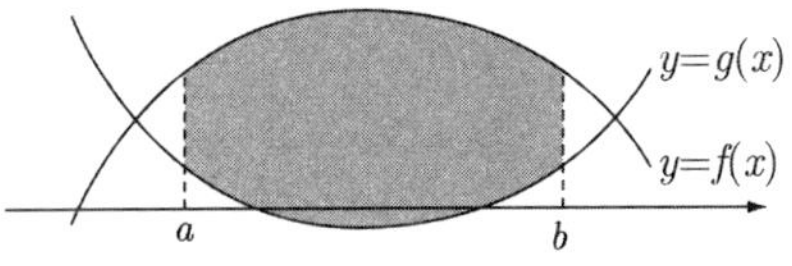

도형의 넓이(Area)

$$A=\int_a^b f(x)dx-\int_a^b g(x)dx$$

$$=\int_a^b \{f(x)-g(x)\}dx$$

일반적으로 적분구간에서 윗곡선과 아래 곡선의 차를 정적분하면 된다. 그런데 $y=f(x)$와 $y=g(x)$의 그래프를 그려보기 전까지는 어떤 곡선이 다른 곡선의 위에 있는지, 즉 $x\in[a,\ b]$에서 $f(x)\ge g(x)$인지 $g(x)\ge f(x)$인지를 알기가 어렵다.

그래서 일반적으로 두 곡선에 의해 둘러싸인 도형의 넓이 A를 다음 식으로 나타낼 수 있을 것이다.

$$A = \int_a^b |f(x) - g(x)| dx$$

여기서 주의할 점은 구간 $[a, b]$ 사이에서 $f(x) - g(x)$의 부호가 다양하게 변할 수 있다는 것이다. 만일 $c \in [a, b]$인 $x = c$가 존재해서, $x \in [a, c]$일 때 $f(x) - g(x) \geq 0$이고 $x \in [c, b]$일 때 $f(x) - g(x) \leq 0$이라면 도형의 넓이 A는 다음 두 부분으로 나눠서 계산해야 할 것이다.

$$\begin{aligned} A &= \int_a^c \{f(x) - g(x)\} dx - \int_c^b \{f(x) - g(x)\} dx \\ &= \int_a^c \{f(x) - g(x)\} dx + \int_c^b \{g(x) - f(x)\} dx \end{aligned}$$

예제 9-1

$y = x$와 x축, $x = 0$, $x = 1$로 둘러싸인 부분의 넓이를 구하여라.

풀이

$$\begin{aligned} A &= \int_0^1 |x - 0| dx, \quad (x \geq 0,\ [0,\ 1]) \\ &= \int_0^1 x dx \\ &= \left[\frac{1}{2}x^2\right]_0^1 \\ &= \frac{1}{2} \end{aligned}$$

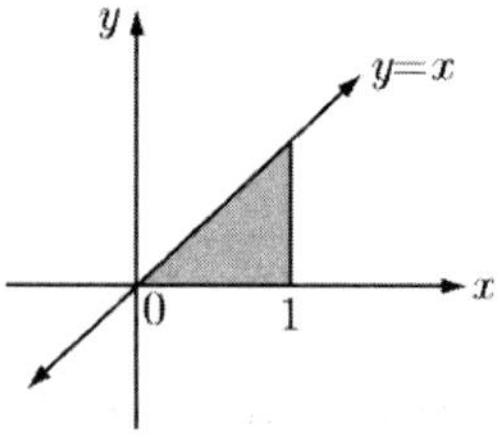

예제 9-2

$y = x$와 x축$(y = 0)$, $x = -1$, $x = 1$로 둘러싸인 부분의 넓이를 구하여라.

풀이

$$\begin{aligned} A &= \int_{-1}^1 |x - 0| dx \\ &= \int_{-1}^0 (0 - x) dx + \int_0^1 (x - 0) dx, \ (\text{구간 } [-1,\ 0] \text{에서 } x \leq 0) \end{aligned}$$

$$= \left[-\frac{1}{2}x^2\right]_{-1}^{0} + \left[\frac{1}{2}x^2\right]_{0}^{1}$$

$$= -\left(-\frac{1}{2}\right) + \frac{1}{2}$$

$$= 1$$

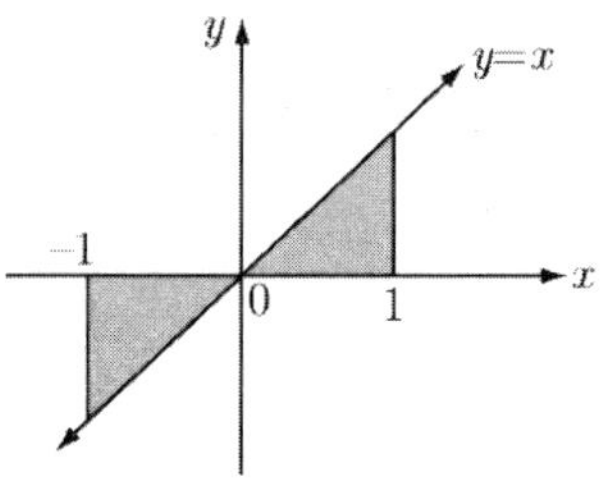

예제 9-3

$y = \sin x$와 $y = \cos x$, $x = 0$, $x = \pi$로 둘러싸인 부분의 면적을 구하여라.

풀이

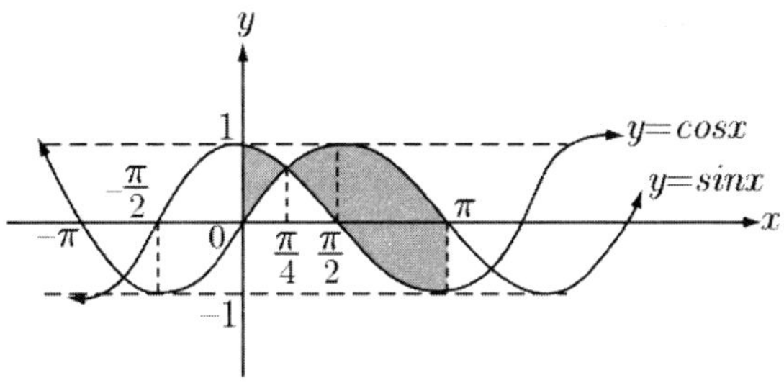

$$A = \int_0^{\pi} |\sin x - \cos x| dx$$

$$= \int_0^{\frac{\pi}{4}} (\cos x - \sin x)dx + \int_{\frac{\pi}{4}}^{\pi} (\sin x - \cos x)dx$$

$$= [\sin x + \cos x]_0^{\frac{\pi}{4}} + [-\cos x - \sin x]_{\frac{\pi}{4}}^{\pi}$$

$$= \left\{\left(\frac{\sqrt{2}}{2} + \frac{\sqrt{2}}{2}\right) - (0+1)\right\} + \left\{(1-0) - \left(-\frac{\sqrt{2}}{2} - \frac{\sqrt{2}}{2}\right)\right\}$$

$$= 4 \cdot \frac{\sqrt{2}}{2}$$

$$= 2\sqrt{2}$$

예제 9-4

다음 두 곡선 $y=x^3$과 $y=x^2$으로 둘러싸인 부분의 면적을 구하여라.

풀이

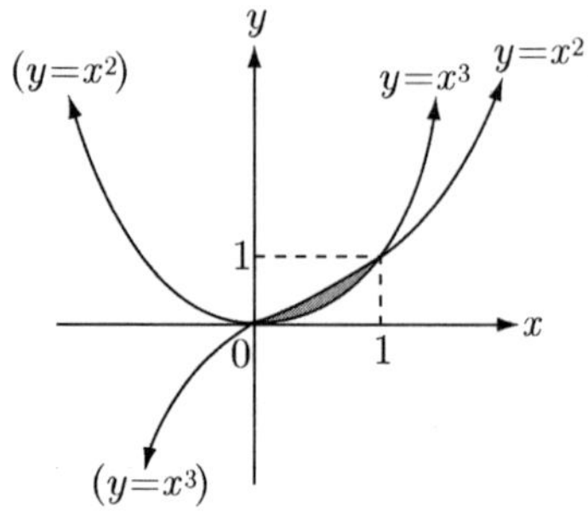

$$\begin{aligned} A &= \int_0^1 (x^2 - x^3)dx \\ &= \left[\frac{1}{3}x^3 - \frac{1}{4}x^4\right]_0^1 \\ &= \frac{1}{3} - \frac{1}{4} \\ &= \frac{1}{12} \end{aligned}$$

■

예제 9-5

$y=x^4-2x^2$와 $y=2x^2$으로 둘러싸인 부분의 면적을 구하여라.

풀이 두 곡선이 만나는 점을 찾기 위해 다음 방정식의 해를 찾으면 된다.

$$x^4-2x^2=2x^2$$

$$x^4-4x^2=0,\ x^2(x^2-4)=0,\ x^2(x-2)(x+2)=0$$

그래서 $x=0$(중근), $x=\pm 2$를 얻을 수 있다. 즉 두 곡선은 세 점 $x=0,\ \pm 2$에서 만난다. y축을 중심으로 좌우 대칭이므로

$$\begin{aligned} A &= 2\int_0^2 \{2x^2 - (x^4 - 2x^2)\}dx \\ &= 2\int_0^2 (4x^2 - x^4)dx \end{aligned}$$

$$= 2 \cdot \left[\frac{4}{3}x^3 - \frac{1}{5}x^5\right]_0^2$$

$$= 2\left(\frac{32}{3} - \frac{32}{5}\right)$$

$$= \frac{128}{15}$$

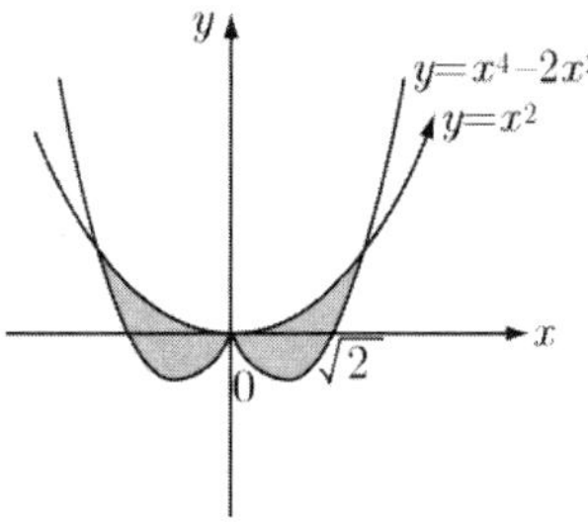

y에 관한 함수 $x = f(y)$, $x = g(y)$와 $y = c$, $y = d$로 둘러싸인 부분의 면적은 다음과 같이 계산될 수 있다.

$$A = \int_c^d |f(y) - g(y)| dy$$

예제 9-6

$x = y$와 $x = y^2$으로 둘러싸인 부분의 면적을 구하여라.

풀이 두 곡선이 만나는 점을 찾기 위해 방정식 $y = y^2$을 풀면 $y(y-1) = 0$, $y = 0$, 1이 된다.

그러므로

$$A = \int_0^1 (y - y^2) dy \quad (\text{구간 } [0,\ 1] \text{에서 } y \geq y^2)$$

$$= \left[\frac{1}{2}y^2 - \frac{1}{3}y^3\right]_0^1$$

$$= \frac{1}{2} - \frac{1}{3}$$

$$= \frac{1}{6}$$

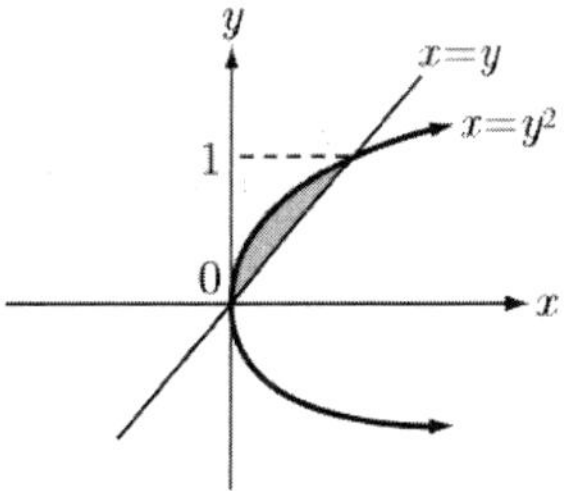

위의 문제를 두 개의 x에 관한 함수에 의해 둘러싸인 부분의 면적으로 계산할 수도 있다. 즉 $y = x$, $y = \pm\sqrt{x}$로 표현할 수 있으므로

$$A = \int_0^1 (\sqrt{x} - x)dx$$

$$= \left[\frac{2}{3}x^{\frac{3}{2}} - \frac{1}{2}x^2\right]_0^1$$

$$= \frac{2}{3} - \frac{1}{2}$$

$$= \frac{1}{6}$$

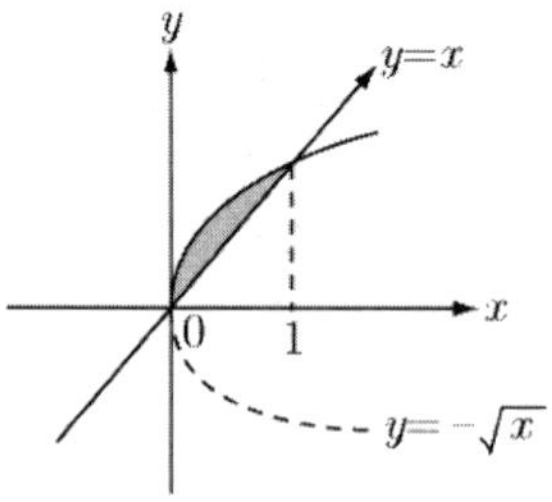

예제 9-7

$x = y + 1$과 $x = \frac{1}{2}y^2 - 3$으로 둘러싸인 부분의 넓이를 구하여라.

풀이 두 곡선이 만나는 교점을 찾으면

$y + 1 = \frac{1}{2}y^2 - 3$, $\frac{1}{2}y^2 - y - 4 = 0$, $y^2 - 2y - 8 = 0$

$(y-4)(y+2) = 0$을 만족하는 $y = -2, 4$이다.

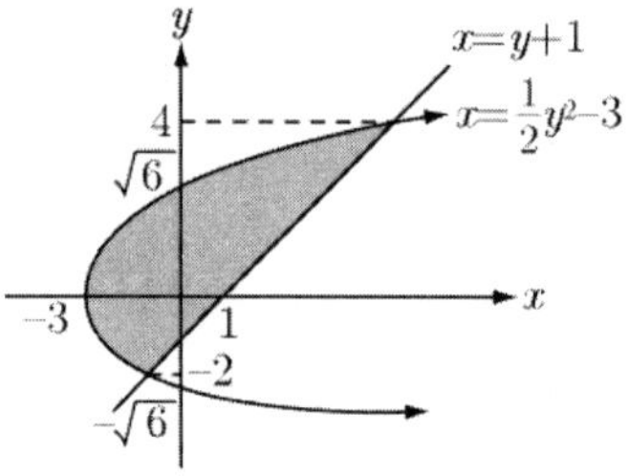

$$A = \int_{-2}^4 \left\{(y+1) - \left(\frac{1}{2}y^2 - 3\right)\right\}dy$$

$$= \int_{-2}^4 \left(-\frac{1}{2}y^2 + y + 4\right)dy$$

$$= \left[-\frac{1}{2}\cdot\frac{1}{3}y^3 + \frac{1}{2}y^2 + 4y\right]_{-2}^4$$

$$= \left(-\frac{64}{6} + 8 + 16\right) - \left(\frac{4}{3} + 2 - 8\right)$$

$$= 18$$

예제 9-8

$x = y^2 - 4y$와 $x = 2y - y^2$으로 둘러싸인 부분의 면적을 구하여라.

풀이 두 곡선의 교점을 구하기 위해 다음 식을 만족하는 y값을 찾아보자.

$y^2 - 4y = 2y - y^2$, $2y^2 - 6y = 0$, $2y(y-3) = 0$

그래서, $y = 0$, 3을 얻을 수 있다. 그래프를 그려보자.

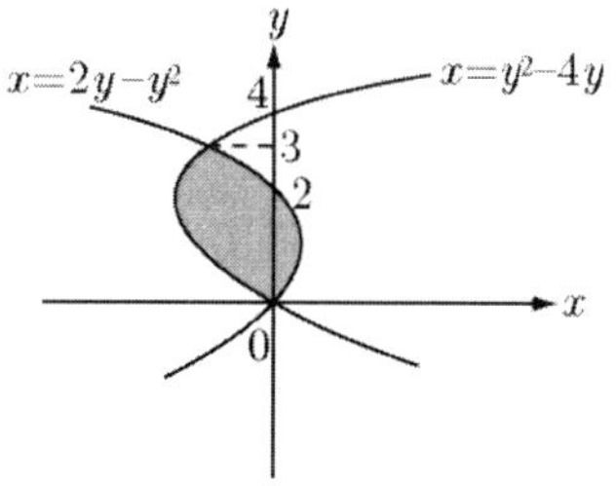

$$A = \int_0^3 \{(2y - y^2) - (y^2 - 4y)\}dy$$

$$= \int_0^3 (-2y^2 + 6y)dy$$

$$= \left[-\frac{2}{3}y^3 + 3y^2\right]_0^3$$

$$= -18 + 27$$

$$= 9$$

■

예제 9-9

반지름이 1인 **원의 면적**을 구하여라.

풀이 위 그림에서 음영부분의 면적을 구한 후에 네 배를 하면 원의 면적을 구하게 될 것이다.

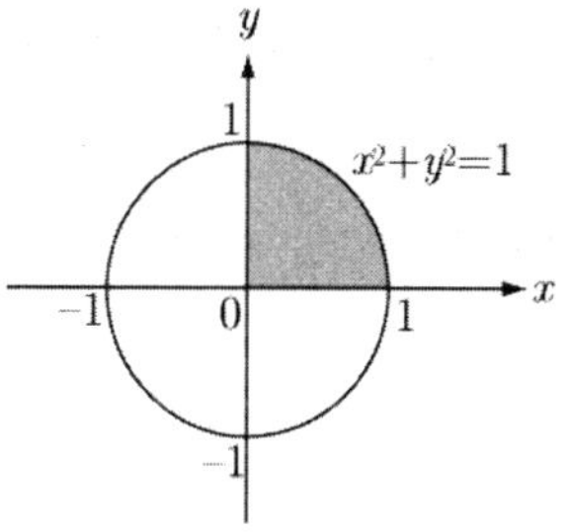

$x^2 + y^2 = 1$에서 $y = \sqrt{1 - x^2} \quad (y \geq 0)$.

$$A = 4\int_0^1 \sqrt{1 - x^2}\, dx$$

$x = \sin\theta$라고 치환하자. $x = 0$일 때 $\theta = 0$이고

$x = 1$일 때 $\theta = \frac{\pi}{2}$이다 $\left(0 \leq \theta \leq \frac{\pi}{2}\right)$.

$$A = 4\int_0^{\frac{\pi}{2}} \cos^2\theta d\theta$$

$$= 4\int_0^{\frac{\pi}{2}} \frac{1 + \cos(2\theta)}{2} d\theta$$

$$= 2\left[\theta + \frac{1}{2}\sin(2\theta)\right]_0^{\frac{\pi}{2}}$$

$$= 2\left\{\left(\frac{\pi}{2} + \frac{1}{2} \cdot 0\right) - 0\right\}$$

$$= \pi$$

9.2 회전체의 부피

구간 $[a, b]$에서 $y = f(x)$를 x축으로 회전시켜 생긴 회전체의 부피를 구해보도록 하겠다.

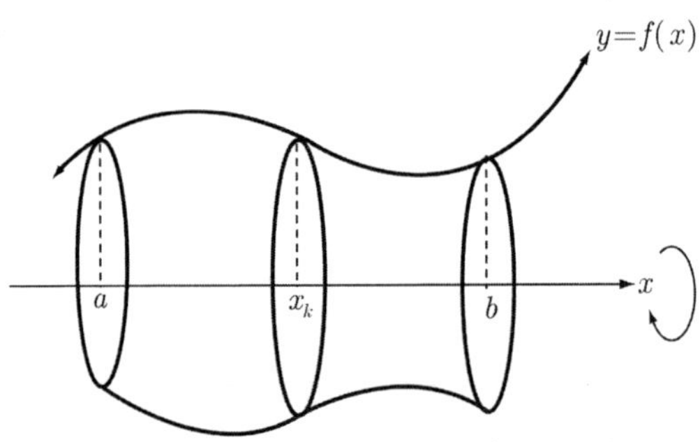

구간 $[a, b]$를 n등분 분할 $P = \{a = x_0, x_1, \cdots, x_n = b\}$를 했을 때 임의의 $x_k^* \in [x_{k-1}, x_k]$에 대해 x_k^*를 지나며 x축에 수직인 단면의 면적을 $A(x_k^*)$라 하자. 그 때 **회전체의 부피** V는 다음의 식으로 표현될 것이다.

$$V = \lim_{n \to \infty} \sum_{k=1}^{n} A(x_k^*) \Delta x = \int_a^b A(x) dx$$

이 때 $A(x)$는 반지름이 $f(x)$인 원의 넓이가 되므로,

$$V = \pi \int_a^b \{f(x)\}^2 dx$$

가 될 것이다.

예제 9-10

$y=x$를 $x=0$에서 1까지 x축으로 회전시킨 회전체의 부피를 구하여라.

풀이

$$V=\pi\int_0^1 x^2dx$$

$$=\pi\left[\frac{1}{3}x^3\right]_0^1$$

$$=\frac{1}{3}\pi$$

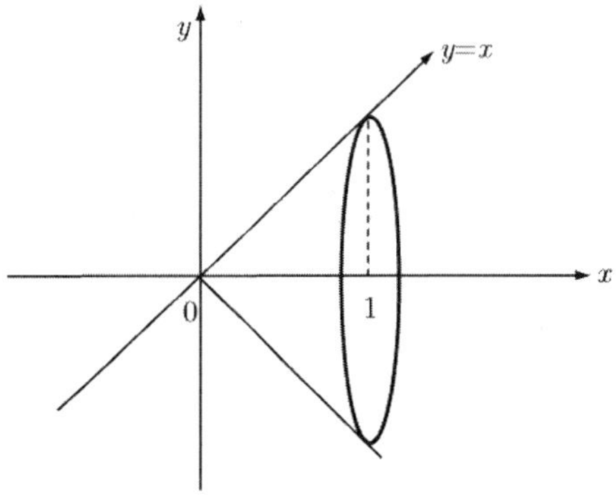

예제 9-11

$y=x^2$을 구간 $[0,\ 2]$에서 x축 회전시킨 회전체의 부피를 구하여라.

풀이

$$V=\pi\int_0^2 y^2dx$$

$$=\pi\int_0^2 x^4dx$$

$$=\pi\left[\frac{1}{5}x^5\right]_0^2$$

$$=\frac{32}{5}\pi$$

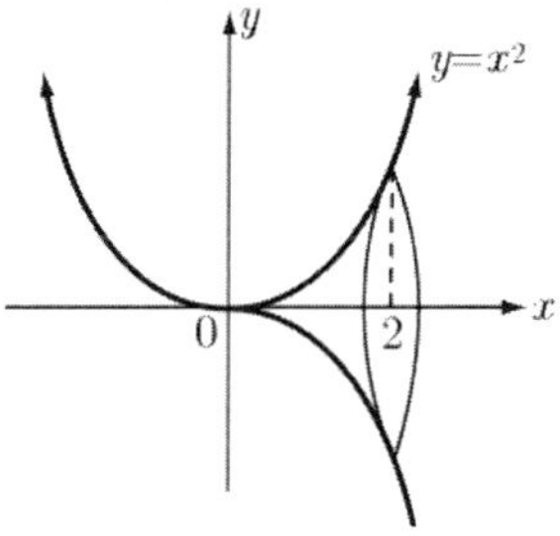

구간 $[c,\ d]$에서 $x=f(y)$를 y축 회전시 생기는 회전체의 부피 V는 다음과 같다.

$$V=\pi\int_c^d x^2dy$$

$$=\pi\int_c^d\{f(y)\}^2dy$$

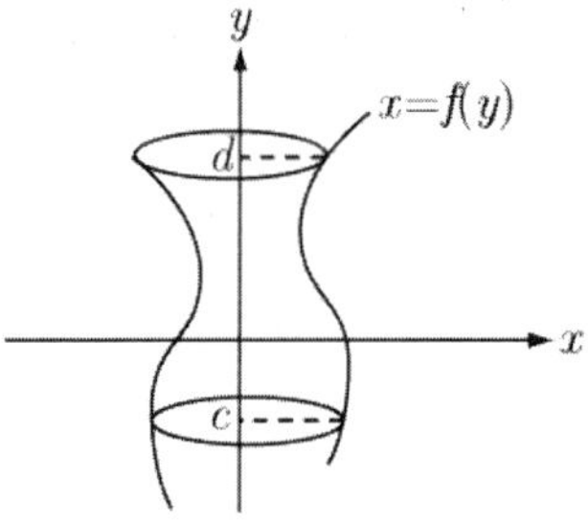

만일 y의 구간 $[c,\ d]$에서 두 곡선 $x=f(y)$와 $x=g(y)$로 둘러싸인 부분을 y축으로 회전시켜 생긴 회전체의 부피 V는

$$V=\pi\int_{c}^{d}\{f^2(y)-g^2(y)\}dy,\quad (\text{단, } [c,\ d]\text{에서 } f(y)\ge g(y))$$

이거나

$$V=\pi\int_{c}^{d}\{g^2(y)-f^2(y)\}dy\quad (\text{단, } [c,\ d]\text{에서 } g(y)\ge f(y))$$

이 된다.

예제 9-12

$x=\sqrt{y}$를 $y=1$부터 $y=3$까지 y축 회전시켜 생기는 회전체의 부피를 구하여라.

풀이

$$V=\pi\int_{1}^{3}x^2dy$$
$$=\pi\int_{1}^{3}(\sqrt{y})^2dy$$
$$=\pi\left[\frac{1}{2}y^2\right]_1^3$$
$$=4\pi$$

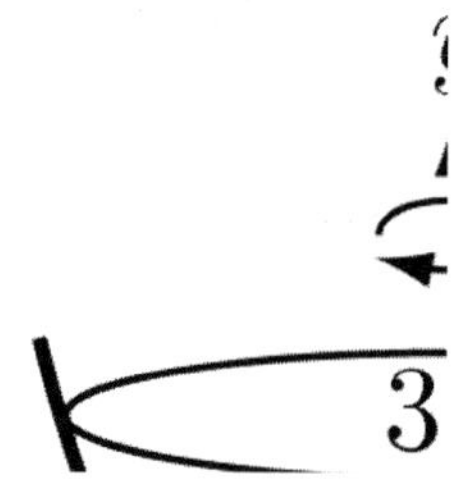

예제 9-13

$x=y^2$과 $x=y$로 둘러싸인 부분을 y축으로 회전했을 때 생기는 회전체의 부피를 구하여라.

풀이

$$V=\pi\int_{0}^{1}(y^2-y^4)dy$$
$$=\pi\left[\frac{1}{3}y^3-\frac{1}{5}y^5\right]_0^1$$
$$=\frac{2}{15}\pi$$

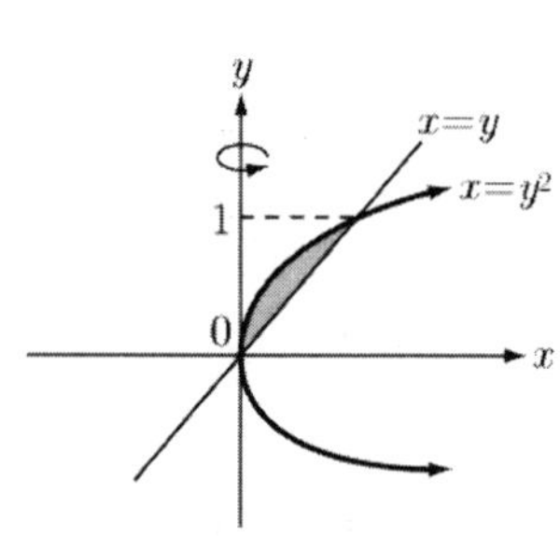

예제 9-14

$\dfrac{x^2}{4}+\dfrac{y^2}{9}=1$을 x축과 y축으로 각각 회전시켰을 때 생기는 회전체의 부피를 구하여라.

풀이 먼저 x축으로 회전했을 때의 부피를 구하여보자.

위 그림의 음영부분을 x축으로 회전시켜 생긴 회전체의 부피에 2배를 하면 될 것이다.

$$V=2\pi\int_0^2 y^2dx$$

$$=2\pi\int_0^2\left(9-\frac{9}{4}x^2\right)dx$$

$$=2\pi\left[9x-\frac{3}{4}x^3\right]_0^2$$

$$=24\pi$$

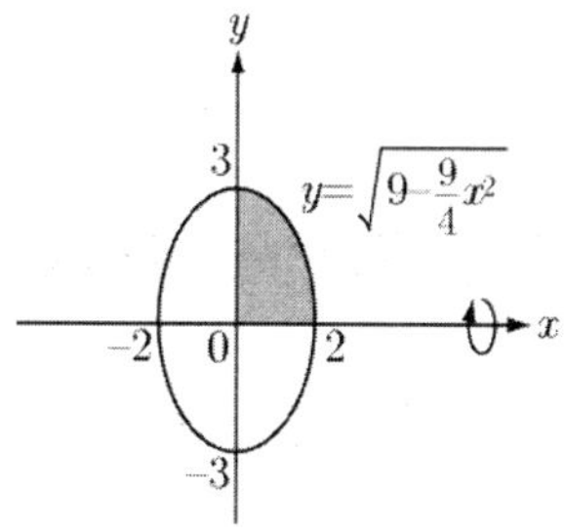

다음은 y축으로 회전한 경우의 부피를 구하여보자.

위 그림의 음영부분을 [0, 3]까지 y축으로 회전시켜 생기는 회전체의 부피에 2배를 하면 될 것이다.

$$V=2\pi\int_0^3 x^2dy$$

$$=2\pi\int_0^3\left(4-\frac{4}{9}y^2\right)dy$$

$$=2\pi\left[4x-\frac{4}{27}y^3\right]_0^3$$

$$=16\pi$$

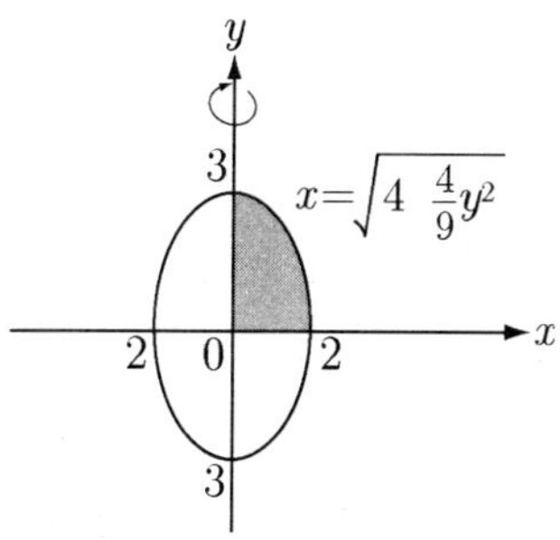

예제 9-15

반지름이 1인 **구의 부피**를 구하여라.

풀이 $V=2\pi\int_0^1 y^2dx$

$$=2\pi\int_0^1(1-x^2)dx$$

$$= 2\pi\left[x - \frac{1}{3}x^3\right]_0^1$$

$$= 2\pi \cdot \frac{2}{3}$$

$$= \frac{4}{3}\pi$$

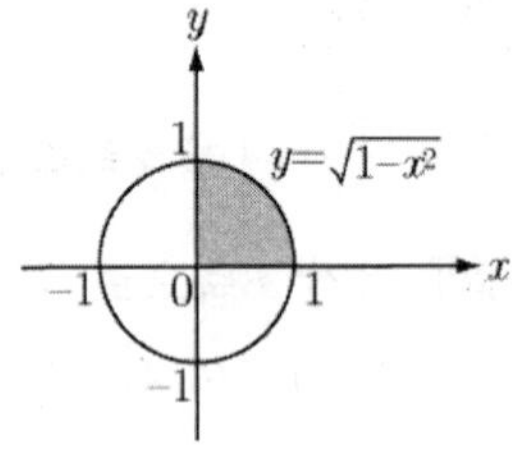

9.3 곡선의 길이

두 점 $(x_1,\ y_1)$, $(x_2,\ y_2)$를 잇는 **직선의 길이** L을 구하는 식은 다음과 같다.

$$L = \sqrt{(x_2 - x_1)^2 + (y_2 - y_1)^2}$$

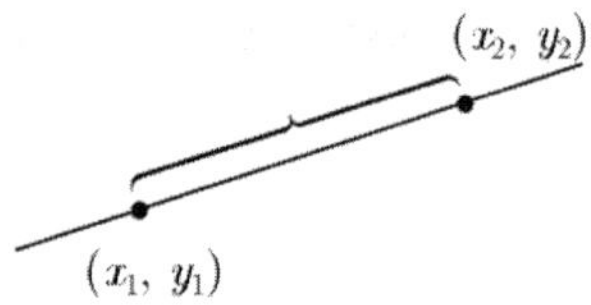

직선 위의 두 점 사이의 거리를 **피타고라스 정리**에 의해 위와 같이 계산할 수 있었다. 그렇다면 직선이 아닌 곡선의 길이를 계산할 수 있겠는가? 앞에서 우리는 도형의 면적과 회전체의 부피를 정적분 개념을 이용하여 계산할 수 있었다. 마찬가지로 곡선 위의 두 점 사이의 거리를 정적분의 개념을 이용하여 계산할 수 있다. 즉 두 점 사이의 곡선을 n등분 분할하여 n개의 직선의 길이들의 합으로 대략적으로 계산되는데 만일 $n \to \infty$ 일 때 각각의 직선 사이의 거리를 모두 합하면 **곡선의 길이**를 계산할 수 있을 것이다.

예를 들어, $y = f(x)$ 위의 구간 $[a,\ b]$ 사이의 길이 L을 구한다고 했을 때, $P = \{a = x_0 < x_1 < \cdots < x_n = b\}$라고 놓고 각 소구간 위의 임의의 점을 x_k^*라고 하면 $x_k^* \in [x_{k-1}\ x_k]$가 될 것이다. 그림으로 나타 내 보자.

$$L = \lim_{n\to\infty}\sum_{k=1}^{n} L_k,\ \ L_k = \sqrt{(x_k - x_{k-1})^2 + \{f(x_k) - f(x_{k-1})\}^2}$$

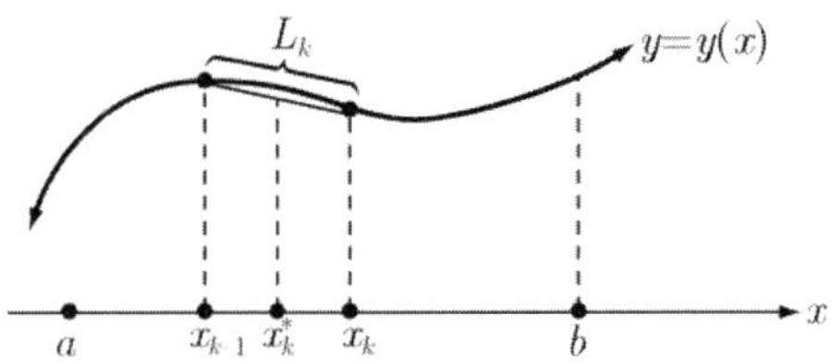

평균값정리에 의해 다음 식을 만족하는 $x_k^* \in [x_{k-1},\ x_k]$가 존재한다.

$$\frac{f(x_k)-f(x_{k-1})}{x_k-x_{k-1}}=f'(x_k^*)$$

정리해보면

$f(x_k)-f(x_{k-1})=f'(x_k^*)(x_k-x_{k-1})$을 얻게 되어

$$\begin{aligned} L_k &= \sqrt{(x_k-x_{k-1})^2+\left\{f'(x_k^*)\right\}^2(x_k-x_{k-1})^2} \\ &= (x_k-x_{k-1})\sqrt{1+\left\{f'(x_k^*)\right\}^2} \quad (x_k > x_{k-1}) \end{aligned}$$

그래서

$$\begin{aligned} L &= \lim_{n\to\infty}\sum_{k=1}^{n}\sqrt{1+\{f'(x)\}^2}\,\triangle x \\ &= \int_a^b \sqrt{1+\{f'(x)\}^2}\,dx \end{aligned}$$

그러므로 구간 $[a,\ b]$ 사이 $y=f(x)$의 길이 L은

$$\begin{aligned} L &= \int_a^b \sqrt{1+\{f'(x)\}^2}\,dx \\ &= \int_a^b \sqrt{1+\left(\frac{dy}{dx}\right)^2}\,dx \end{aligned}$$

이다.

예제 9-16

구간 $[1,\ 3]$에서 $y=2x$의 길이를 구하여라.

풀이 $L = \int_1^3 \sqrt{1+\left(\frac{dy}{dx}\right)^2}\,dx$

$= \int_1^3 \sqrt{1+4}\,dx$

$= 2\sqrt{5}$

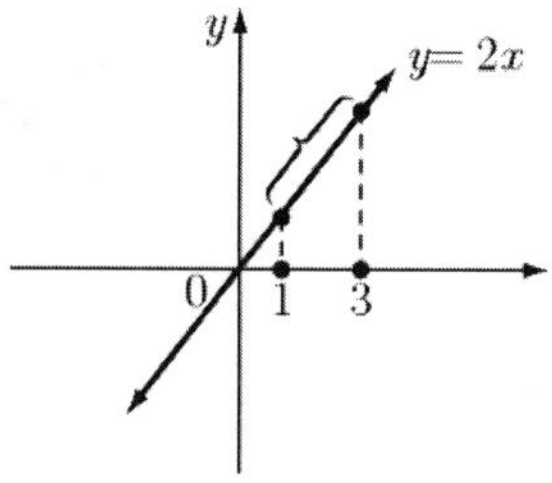

예제 9-17

$y = x^{\frac{3}{2}}$ 위의 두 점 $(1,\ 1)$와 $(2,\ 2\sqrt{2})$ 사이의 길이를 구하여라.

풀이 $y' = \frac{3}{2}x^{\frac{1}{2}} > 0,\ y'' = \frac{3}{4\sqrt{x}} > 0,\quad (0,\ 0)$

을 지난다. 그러므로 정의역은 $\{x \in \mathbb{R} \mid x \geq 0\}$이며, 항상 증가하며 아래로 볼록인 모양을 가진다.

$L = \int_1^2 \sqrt{1+\frac{9}{4}x}\,dx$

$t = 1 + \frac{9}{4}x$라고 놓자. 이때 $dx = \frac{4}{9}dt$를 얻는다.

그리고 $x = 1$일 때 $t = \frac{13}{4}$, $x = 2$일 때 $t = \frac{22}{4}$이다.

그래서

$L = \int_{\frac{13}{4}}^{\frac{22}{4}} \sqrt{t}\left(\frac{4}{9}dt\right)$

$= \frac{4}{9}\frac{2}{3}\left[t^{\frac{3}{2}}\right]_{\frac{13}{4}}^{\frac{22}{4}}$

$= \frac{8}{27}\left\{\left(\frac{22}{4}\right)^{\frac{3}{2}} - \left(\frac{13}{4}\right)^{\frac{3}{2}}\right\}$

$= \frac{8}{27}\left\{\frac{22\sqrt{22}}{8} - \frac{13\sqrt{13}}{8}\right\}$

$= \frac{\sqrt{22}^{\,3}}{27} - \frac{\sqrt{13}^{\,3}}{27}$

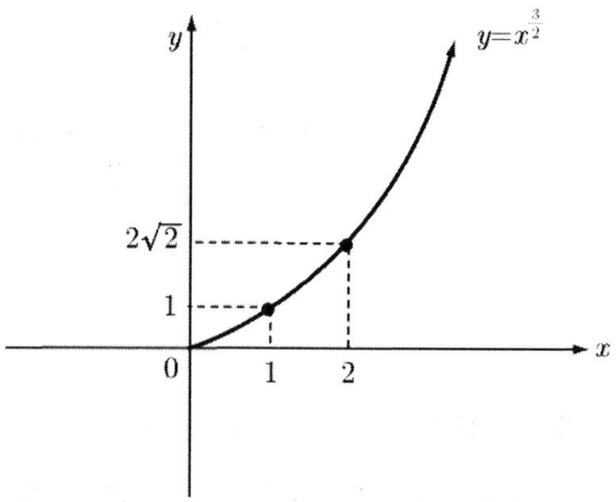

만일 곡선의 방정식이 $x=f(y)$이고 y의 구간 $[c,\ d]$ 사이의 길이를 구하는 식은

$$L=\int_c^d \sqrt{1+\{f'(y)\}^2}\,dy$$

$$=\int_c^d \sqrt{1+\left(\frac{dx}{dy}\right)^2}\,dy$$

■

예제 9-18

$x=\frac{1}{2}y^2$ 위의 점 (0, 0)과 $\left(\frac{1}{2},\ 1\right)$ 사이의 길이를 구하여라.

풀이 $\frac{dx}{dy}=y$이고

$$L=\int_0^1 \sqrt{1+\left(\frac{dx}{dy}\right)^2}\,dy$$

$$=\int_0^1 \sqrt{1+y^2}\,dy$$

이 때 $y=\tan\theta$라고 놓으면 $dy=\sec^2\theta d\theta$이고

$y=0$일 때 $\theta=0$이고, $y=1$일 때 $\theta=\frac{\pi}{4}$이다.

$$L=\int_0^{\frac{\pi}{4}} \sqrt{1+\tan^2\theta}\,sec^2\theta d\theta$$

$$=\int_0^{\frac{\pi}{4}} \sec^3\theta d\theta$$

우리는 앞에서 $\int \sec^3\theta d\theta$를 부분적분법을 이용하여 구하였다.

$$\int_0^{\frac{\pi}{4}} \sec^3\theta d\theta=\frac{1}{2}[\sec\theta\tan\theta]_0^{\frac{\pi}{4}}+\frac{1}{2}[\ln|\sec\theta+\tan\theta|]_0^{\frac{\pi}{4}}$$

$$=\frac{\sqrt{2}}{2}+\frac{1}{2}\ln(\sqrt{2}+1)$$

■

예제 9-19

반지름이 1인 **원의 둘레**를 구하여라.

풀이

구간 [0, 1]에서 $y=\sqrt{1-x^2}$의 길이를 구한 값에 4배를 하면 될 것이다.

$\frac{dy}{dx}=\frac{-2x}{2\sqrt{1-x^2}}$이므로

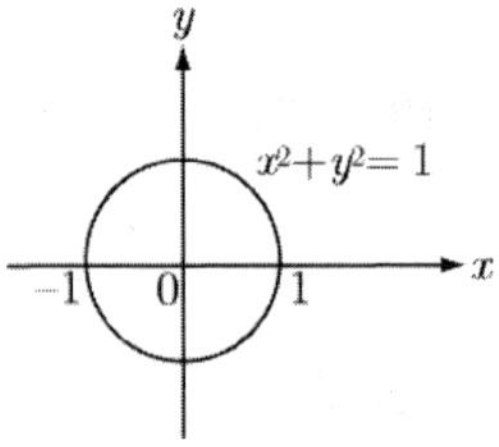

$$L=4\int_0^1\sqrt{1+(y')^2}\,dx$$

$$=4\int_0^1\sqrt{1+\frac{x^2}{1-x^2}}\,dx$$

$$=4\int_0^1\sqrt{\frac{1}{1-x^2}}\,dx$$

$x=\cos\theta$라고 놓자. $dx=-\sin\theta d\theta$이고

$x=0$일 때 $\theta=\frac{\pi}{2}$이며 $x=1$일 때 $\theta=0$이 된다.

$$L=4\int_{\frac{\pi}{2}}^{0}\frac{1}{\sin\theta}(-\sin\theta d\theta)$$

$$=4\int_0^{\frac{\pi}{2}}1d\theta$$

$$=2\pi$$

연습문제 Exercises

1. 다음 조건에 의해 둘러싸인 부분의 면적을 구하여라.

(가) $y = x^2 + 2x$, x축, $[-1,\ 3]$

(나) $y = \sin x - \cos x$, x축, $\left[0,\ \frac{\pi}{3}\right]$

(다) $y = \frac{1}{x}\ln^{x}$, x축, $\left[\frac{1}{2},\ 2\right]$

(라) $x = 6y - y^2$, y축

(마) $x = y^2 - 1$, y축

2. 다음 두 곡선에 의해 둘러싸인 부분의 면적을 구하여라.

(가) $y = x^2$, $y = x$

(나) $x = -y^2 + 8$, $x = -y + 2$

(다) $y = 5x - x^2$, $y = x$

(라) $y = 12 - x^2$, $y = x^2 - 6$

(마) $x = 2y^2$, $x + y = 1$

(바) $x = \frac{1}{2}y^2$, $y = 2x - 2$

3. 다음 곡선들에 의해 둘러싸인 도형을 x축 또는 y축으로 회전했을 때 생기는 회전체의 부피를 구하여라.

(가) $y = \frac{1}{2}x^2$, $[1,\ 2]$, x축 회전

(나) $y = 5x$, $y = x^2$, $[0,\ 3]$, x축 회전

(다) $y = \sin x$, $[0,\ \pi]$, x축 회전

(라) $y = \ln x$, $[1,\ 3]$, y축 회전

(마) $x = e^{y}$, $[1,\ 2]$, y축 회전

(바) $x = \cos y$, $\left[0,\ \frac{\pi}{4}\right]$, y축 회전

(사) $y=x$, $y=\sqrt{x}$, y축 회전

(아) $x=2\sqrt{y}$, $x=0$, $y=9$, y축 회전

(자) $\frac{x^2}{9}+\frac{y^2}{4}=1$, x축 회전

(차) $y=\sqrt{x}$, $y=x^3$, y축 회전

4. 다음 구간에서 곡선의 길이를 구하여라.

(가) $y=1+6x^{\frac{3}{2}}$, $[0,\ 1]$

(나) $y=\frac{1}{6}x^3+\frac{1}{2x}$, $[1,\ 2]$

(다) $y=e^x$, $[1,\ 3]$

(라) $y=\ln x$, $[1,\ 2]$

(마) $x=y\frac{2}{3}$, $x\in[0,\ 4]$

(바) $x=\ln y$, $\left[\frac{3}{4},\ \frac{4}{3}\right]$

(사) $x=\frac{\sqrt{y}}{3}(y-3)$, $y\in[1,\ 9]$

(아) $y=x^2-\frac{1}{8}\ln x$, $[2,\ 3]$

(자) $y=\frac{1}{3}x^3+x-\frac{1}{4}\tan^{-1}x$, $[0,\ 1]$

(차) $y=x^2$, $[0,\ 1]$

Chapter 10 편미분

10.1 다변수함수

함수 $y=f(x)$에 대해 미분과 적분을 공부하였다. 이와 같은 함수는 독립변수 한 개를 가지며, 독립변수에 따라 종속변수가 결정된다. 그래서 독립변수의 개수에 따라 일변수함수, 이변수함수, 삼변수함수 등으로 정의할 수 있다. 일반적으로 변수가 두 개 이상인 함수를 다변수함수라고 말한다. 우리는 이번 장에서 **다변수함수**의 미분에 대해 공부하게 될 것이다.

일변수함수 $y=f(x)$의 **미분기호**로 y', $f'(x)$, $\dfrac{dy}{dx}$ 등을 사용하였다. 이변수함수 $z=f(x,\ y)$의 미분을 **편미분**이라고 하며 두 개의 독립변수에 따른 미분을 계산할 수 있다. 따라서 두 가지의 미분을 구할 수 있으며 기호로 다음과 같이 표현된다.

$$\begin{cases} \dfrac{\partial z}{\partial x},\ \dfrac{\partial f}{\partial x},\ D_x z,\ D_x f,\ D_1 f,\ \cdots \\ \dfrac{\partial z}{\partial y},\ \dfrac{\partial f}{\partial y},\ D_y z,\ D_y f,\ D_2 f,\ \cdots \end{cases}$$

어떤 함수가 일변수일 때 미분기호로 'd'를 사용했지만 다변수함수 일 때는 'd' 대신 '∂'(round) 기호를 사용한다. 물론 읽을 때도 $\dfrac{\partial f}{\partial x}$를 "라운드 f 라운드 x"라고 읽는다.

일반적으로 n**변수함수** $u=f(x_1,\ x_2,\ \cdots,\ x_n)$의 편미분(또는 **편도함수**)은 n개가 될 것이다.

$$\frac{\partial u}{\partial x_i},\ (i=1,\ 2,\ \cdots,\ n)$$

또는

$$\frac{\partial f}{\partial x_i}$$

일변수함수 $y=f(x)$가 $x=a$에서 **연속**이라는 것은 다음 식과 같이 극한값과 함수값이 같을 때를 말한다. 즉

$$\lim_{x\to a} f(x)=f(a)$$

마찬가지로 이변수함수 $z=f(x,\ y)$가 있어서 $(x,\ y)=(a,\ b)$에서 연속함수이기 위해 다음 식을 만족해야 한다.

$$\lim_{(x,y)\to(a,b)} f(x,\ y)=f(a,\ b)$$

여기서 $\lim_{(x,y)\to(a,b)} f(x,\ y)=L$이라는 의미는 $(x,\ y)$가 충분히 $(a,\ b)$에 접근할 때 $f(x,\ y)$가 L이라는 극한값에 충분히 접근한다는 것이다. 이 때 $|L|<\infty$이며 유일한 값이어야 한다. 물론 일변수함수에서는 x가 a로 접근하는 방법이 두 가지 뿐이었다. a의 왼쪽에서 접근하는 경우와 a의 오른쪽에서 접근하는 방법이 있었다.

그러나 이변수함수 $z=f(x,\ y)$에서는 $(x,\ y)$가 $(a,\ b)$로 접근하는 방법이 무한히 많다. 이런 무한히 많은 접근경로에도 $f(x,\ y)$는 유한하며 일정한 극한값 L로 충분히 접근해야 된다. 그럴 때 극한값 L이 존재한다고 말한다.

만일 f의 정의역 D의 모든 점에서 연속이라면, $z=f(x,\ y)$는 D에서 연속이라 말한다.

이변수 **다항함수**는 $\mathbb{R}^2$에서 연속이므로, $(x,\ y)\to(a,\ b)$일 때 이 함수의 극한값은 $(x,\ y)=(a,\ b)$일 때의 함수값으로 계산하면 될 것이다.

예를 들어, $f(x,\ y)=x^2y-2xy^2+x-3y+1$이라 할 때

$$\lim_{(x,y)\to(1,1)} f(x,\ y)=1^2\cdot 1-2\cdot 1\cdot 1^2+1-3\cdot 1+1=-2$$

이변수 분수함수는 분모가 0이 되는 $(x,\ y)$값을 제외한 모든 곳에서 연속이다.

예를 들면, $f(x,\ y)=\dfrac{x^2-y^2}{x^2+y^2}$는 $(x,\ y)=(0,\ 0)$을 제외한 모든 점에서 연속함수이다. 그래서

$$\lim_{(x,y)\to(1,2)} f(x,\ y)=\frac{1^2-2^2}{1^2+2^2}=\frac{-3}{5}$$

예제 10-1

$$\lim_{(x,y)\to(0,0)} \frac{xy+1}{(x^2+1)(y^2-1)}$$

풀이 분수함수이므로 분모가 0이 되는 $y=\pm 1$을 제외하면 연속함수가 된다.

즉 정의역 $D=\{(x,\ y)\in \mathbb{R}^2 | y \neq \pm 1\}$인 모든 점에서 연속이다.

그러므로

$$\lim_{(x,y)\to(0,0)} \frac{xy+1}{(x^2+1)(y^2-1)} = \frac{1}{1(-1)} = -1$$

이 된다.

10.2 편도함수

이변수함수 $z=f(x,\ y)$가 주어졌을 때, $(a,\ b)$에서 x에 대한 f의 편미분계수는 다음과 같이 정의될 것이다.

$$f_x(a,\ b) = \lim_{h\to 0} \frac{f(a+h,\ b)-f(a,\ b)}{h}$$

마찬가지로 $(a,\ b)$에서 y에 대한 f의 편미분계수는

$$f_y(a,\ b) = \lim_{k\to 0} \frac{f(a,\ b+k)-f(a,\ b)}{k}$$

이 된다.

여기서 $f_x = \dfrac{\partial f}{\partial x}$ 이며 $f_y = \dfrac{\partial f}{\partial y}$의 의미를 가진다.

예제 10-2

$f(x,\ y)=x^2+y^2$일 때 편미분계수 $f_x(1,\ 1)$과 $f_y(1,\ 1)$을 구하여라.

풀이 $f_x(1,\ 1) = \lim_{h\to 0} \dfrac{f(1+h,\ 1)-f(1,\ 1)}{h}$

$$= \lim_{h\to 0} \frac{1}{h}\{(1+h)^2+1^2-2\}$$

$$= \lim_{h \to 0} \frac{1}{h} \{1 + 2h + h^2 - 1\}$$

$$= \lim_{h \to 0} \frac{1}{h} \{h^2 + 2h\}$$

$$= 2$$

$$f_y(1,\ 1) = \lim_{k \to 0} \frac{f(1,\ 1+k) - f(1,\ 1)}{k}$$

$$= \lim_{k \to 0} \frac{1}{k} \{1^2 + (1+k)^2 - 2\}$$

$$= \lim_{k \to 0} \frac{1}{k} \{1 + 1 + 2k + k^2 - 2\}$$

$$= \lim_{k \to 0} \frac{1}{k} \{k^2 + 2k\}$$

$$= \lim_{k \to 0} (k + 2)$$

$$= 2$$

■

예제 10-3

$f(x,\ y) = xy^2$일 때 편미분계수 $f_x(1,\ 2)$와 $f_y(1,\ 2)$를 구하여라.

풀이 $f_x(1,\ 2) = \lim_{h \to 0} \frac{f(1+h,\ 2) - f(1,\ 2)}{h}$

$$= \lim_{h \to 0} \frac{1}{h} \{(1+h)4 - 4\}$$

$$= \lim_{h \to 0} \frac{4h}{h}$$

$$= \lim_{h \to 0} 4$$

$$= 4$$

$$f_y(1,\ 2) = \lim_{k \to 0} \frac{f(1,\ 2+k) - f(1,\ 2)}{k}$$

$$= \lim_{k \to 0} \frac{1}{k} \{1 \cdot (2+k)^2 - 4\}$$

$$= \lim_{k \to 0} \frac{4k + k^2}{k}$$

$$= \lim_{k \to 0} \frac{k(4+k)}{k}$$

$$= \lim_{k \to 0}(4+k)$$

$$= 4$$

■

편미분계수는 실수값이지만 편도함수는 함수 f_x와 f_y이다.

$$f_x(x,\ y) = \lim_{h \to 0} \frac{f(x+h,\ y) - f(x,\ y)}{h},$$

$$f_y(x,\ y) = \lim_{k \to 0} \frac{f(x,\ y+k) - f(x,\ y)}{k}$$

여기서 f_x는 y를 상수로 보고 $z = f(x,\ y)$를 x에 대해 미분한 것이며, f_y는 x를 상수로 보고 $z = f(x,\ y)$를 y에 대해 미분한 것이다.

예를 들어, $f(x,\ y) = x^3y - 2xy^2 + 2y^2$이라 할 때

$f_x(x,\ y) = 3x^2y - 2y^2$이며, $f_y(x,\ y) = x^3 - 4xy + 4y$가 된다.

$(x,\ y) = (1,\ 1)$일 때 편미분계수 $f_x(1,\ 1) = 3 - 2 = 1$이며

$f_y(1,\ 1) = 1 - 4 + 4 = 1$이 된다.

예제 10-4

$f(x,\ y) = x^2 - 2xy + xy^2 - 3y^3$의 편도함수를 구하여라.

풀이 $f_x(x,\ y) = 2x - 2y + y^2$,

$f_y(x,\ y) = -2x + 2xy - 9y^2$

■

예제 10-5

$w=\ln(xyz)$의 편도함수를 구하여라.

풀이 $\dfrac{\partial w}{\partial x}=\dfrac{1}{xyz}(yz)=\dfrac{1}{x}$,

$\dfrac{\partial w}{\partial y}=\dfrac{1}{xyz}(xz)=\dfrac{1}{y}$,

$\dfrac{\partial w}{\partial z}=\dfrac{1}{xyz}(xy)=\dfrac{1}{z}$

■

예제 10-6

$w=\dfrac{xyz}{x^2+y^2+z^2}$의 편도함수를 구하여라.

풀이

$$w_x(x, y, z)=\frac{yz(x^2+y^2+z^2)-xyz(2x)}{(x^2+y^2+z^2)^2}=\frac{-x^2yz+y^3z+yz^3}{(x^2+y^2+z^2)^2},$$

$$w_y(x, y, z)=\frac{xz(x^2+y^2+z^2)-xyz(2y)}{(x^2+y^2+z^2)^2}=\frac{x^3z+xy^2z+xz^3}{(x^2+y^2+z^2)^2},$$

$$w_z(x, y, z)=\frac{xy(x^2+y^2+z^2)-xyz(2z)}{(x^2+y^2+z^2)^2}=\frac{x^3y+xy^3+xyz^2}{(x^2+y^2+z^2)^2}.$$

■

일반적으로 n**변수함수** $u=f(x_1, x_2, \cdots, x_n)$의 편도함수 $\dfrac{\partial u}{\partial x_i}$ 또는 $\dfrac{\partial f}{\partial x_i}$ $(i=1, 2, \cdots, n)$는 다음과 같이 정의될 것이다.

$$\frac{\partial u}{\partial x_i}=\lim_{h\to 0}\frac{f(x_1, \cdots, x_{i-1}, x_i+h, x_{i+1}, \cdots, x_n)-f(x, \cdots, x_n)}{h}$$

10.3 고계편도함수

이변수함수 $z=f(x,\ y)$가 주어졌을 때, 편도함수 f_x와 f_y는 역시 x와 y를 변수로 갖는 이변수함수가 된다. $f_x(x,\ y)$를 변수 x에 대해 편미분하면 f_{xx} 또는 $\frac{\partial^2 f}{\partial x^2}=\frac{\partial}{\partial x}\left(\frac{\partial f}{\partial x}\right)$를 얻게 된다.

비슷하게 $f_y(x,\ y)$를 변수 y에 대해 편미분하면 f_{yy} 또는 $\frac{\partial^2 f}{\partial y^2}=\frac{\partial}{\partial y}\left(\frac{\partial f}{\partial y}\right)$를 얻게 된다.

뿐만 아니라 f_x를 y에 대해 f_y를 x에 대해 편미분한 $f_{xy}\left(=\frac{\partial}{\partial y}\left(\frac{\partial f}{\partial x}\right)\right)$나 $f_{yx}\left(=\frac{\partial}{\partial x}\left(\frac{\partial f}{\partial y}\right)\right)$를 얻게 된다.

여기서 $z=f(x,\ y)$의 f_{xy}와 f_{yx}가 연속일 때 $f_{xy}=f_{yx}$가 성립된다.

위에서 얻은 네 가지 f_{xx}, f_{xy}, f_{yx}, f_{yy}를 $z=f(x,\ y)$의 **이계편도함수**라고 말한다. 일반적으로 이계편도함수 이상의 편도함수를 **고계편도함수**라고 말한다.

예제 10-7

$z=x^2-2xy-3y^3$의 이계편도함수를 구하여라.

풀이 (일계)편도함수를 먼저 구하여보자.

$z_x=2x-2y,$

$z_y=-2x-9y^2$

그래서 이계편도함수는 다음 네 가지가 된다.

$z_{xx}=2,\ z_{xy}=-2,\ z_{yx}=-2,\ z_{yy}=-18y$

■

예제 10-8

$f(x,\ y)=\dfrac{x-y}{x+y}$의 이계편도함수를 구하여라.

풀이 $f_x = \dfrac{(x+y)-(x-y)}{(x+y)^2}$

$= \dfrac{2y}{(x+y)^2}$,

$f_y = \dfrac{-(x+y)-(x-y)}{(x+y)^2}$

$= \dfrac{-2x}{(x+y)^2}$.

$$f_{xx} = \frac{-2y \cdot 2(x+y)}{(x+y)^4} = \frac{-4xy-4y^2}{(x+y)^4},$$

$$f_{xy} = \frac{2(x+y)^2 - 2y \cdot 2(x+y)}{(x+y)^4} = \frac{2x^2-2y^2}{(x+y)^4},$$

$$f_{yx} = \frac{-2(x+y)2 + 2x \cdot 2(x+y)}{(x+y)^4} = \frac{2x^2-2y^2}{(x+y)^4},$$

$$f_{yy} = \frac{2x \cdot 2(x+y)}{(x+y)^4} = \frac{4x^2+4xy}{(x+y)^4}.$$

■

예제 10-9

$w = x^2e^{yz}$의 이계편도함수를 구하여라.

풀이 $w_x = 2xe^{yz}$, $w_y = x^2ze^{yz}$, $w_z = x^2ye^{yz}$

이계편도함수 w_{xx}, w_{xy}, w_{yx}, w_{yy}를 구해보자.

$w_{xx} = 2e^{yz}$,

$w_{xy} = 2xze^{yz}$,

$w_{xz} = 2xye^{yz}$,

$w_{yy} = x^2z^2e^{yz}$,

$w_{yx} = 2xze^{yz}$,

$w_{yz} = x^2(e^{yz} + yze^{yz})$,

$w_{zz} = x^2y^2e^{yz}$,

$w_{zx} = 2xye^{yz}$,

$w_{zy} = x^2(e^{yz} + yze^{yz})$.

위의 결과에 따르면,

$w_{xy} = w_{yx}$, $w_{xz} = w_{zx}$, $w_{yz} = w_{zy}$.

■

10.4 연쇄법칙

$y = f(g(x))$의 도함수 y'을 구하기 위해 연쇄법칙을 이용하였다. $t = g(x)$로 치환하면 $y = f(t)$인 t에 관한 함수가 된다. 그래서

$$\frac{dy}{dx} = \frac{dy}{dt}\frac{dt}{dx}$$

로 미분되는 연쇄법칙을 사용하여 합성함수의 미분을 구하였다.

마찬가지로 다변수함수에서도 **연쇄법칙**을 적용한다.

예를 들어, $z = f(x, y)$이고 $x = g(t)$, $y = h(t)$인 함수의 $\frac{dz}{dt}$를 구하여보자.

사실 $z = f(g(t), h(t))$인 합성함수이다.

모든 함수가 미분가능한 함수임을 가정한다면,

$$\frac{dz}{dt} = \frac{\partial f}{\partial x}\frac{dx}{dt} + \frac{\partial f}{\partial y}\frac{dy}{dt}$$

를 얻게 된다.

예제 10-10

$z = x^2 + y^2$, $x = t^2 + 1$, $y = 3t - 2$일 때 편도함수 $\frac{dz}{dt}$를 구하여라.

풀이 $\frac{\partial z}{\partial x} = 2x$, $\frac{\partial z}{\partial y} = 2y$, $\frac{dx}{dt} = 2t$, $\frac{dy}{dt} = 3$이므로

연쇄법칙에 의해 $\frac{dz}{dt}$를 구할 수 있을 것이다.

$$\frac{dz}{dt} = \frac{\partial z}{\partial x}\frac{dx}{dt} + \frac{\partial z}{\partial y}\frac{dy}{dt}$$

$$= 2x(2t) + 2y(3)$$
$$= 2(t^2+1)(2t) + 2(3t-2)(3)$$
$$= 4t^3 + 22t - 12$$

■

예제 10-11

$z = x^2y + 2xy^3$, $x = \sin t$, $y = \cos t$라고 하자.

$t = 0$일 때 $\dfrac{dz}{dt}$를 구하여라.

풀이 $\dfrac{dz}{dt} = \dfrac{\partial z}{\partial x}\dfrac{dx}{dt} + \dfrac{\partial z}{\partial y}\dfrac{dy}{dt}$

$$= (2xy + y^3)\cos t + (x^2 + 6xy^2)(-\sin t)$$

$t = 0$일 때 $x = 0$이고 $y = 1$이므로

$$\left.\frac{dz}{dt}\right|_{t=0} = 1(\cos 0) + 0(-\sin 0)$$
$$= 1$$

만일 $z = f(x,\ y)$이고 $x = g(u,\ v)$, $y = h(u,\ v)$인 경우 z는 u와 v에 관한 함수이므로 편도함수 $\dfrac{\partial z}{\partial u}$와 $\dfrac{\partial z}{\partial v}$를 구해야 할 것이다.

$$\frac{\partial z}{\partial u} = \frac{\partial z}{\partial x}\frac{\partial x}{\partial u} + \frac{\partial z}{\partial y}\frac{\partial y}{\partial u},$$

$$\frac{\partial z}{\partial v} = \frac{\partial z}{\partial x}\frac{\partial x}{\partial v} + \frac{\partial z}{\partial y}\frac{\partial y}{\partial v}.$$

■

예제 10-12

$z = e^y\sin x$, $x = u^2 + v^2$, $y = 3uv$일 때 $\dfrac{\partial z}{\partial u}$, $\dfrac{\partial z}{\partial v}$를 구하여라.

풀이 $\dfrac{\partial z}{\partial x} = \cos x e^y$, $\dfrac{\partial z}{\partial y} = \sin x e^y$, $\dfrac{\partial x}{\partial u} = 2u$, $\dfrac{\partial x}{\partial v} = 2v$, $\dfrac{\partial y}{\partial u} = 3v$, $\dfrac{\partial y}{\partial v} = 3u$이므로 연쇄법칙에 의해

$$\frac{\partial z}{\partial u} = \frac{\partial z}{\partial x}\frac{\partial x}{\partial u} + \frac{\partial z}{\partial y}\frac{\partial y}{\partial u}$$

$$= (\cos x e^{y})(2u) + (\sin x e^{y})(3v)$$

$$= 2u\cos(u^2+v^2)e^{3uv} + 3v\sin(x^2+v^2)e^{3uv},$$

$$\frac{\partial z}{\partial v} = \frac{\partial z}{\partial x}\frac{\partial x}{\partial v} + \frac{\partial z}{\partial y}\frac{\partial y}{\partial v}$$

$$= (\cos x e^{y})(2v) + (\sin x e^{y})(3u)$$

$$= 2v\cos(u^2+v^2)e^{3uv} + 3u\sin(u^2+v^2)e^{3uv}.$$

일반적으로 n변수 함수 $u = f(x_1,\ x_2,\ \cdots,\ x_n)$가 미분가능하고 각 x_i는 m개의 변수 $y_1,\ y_2,\ \cdots,\ y_m$을 가지는 미분 가능한 함수일 때 $\frac{\partial u}{\partial y_j}$ $(j=1,\ \cdots,\ m)$는 다음과 같을 것이다.

$$\frac{\partial u}{\partial y_j} = \frac{\partial u}{\partial x_1}\frac{\partial x_1}{\partial y_j} + \frac{\partial u}{\partial x_2}\frac{\partial x_2}{\partial y_j} + \cdots + \frac{\partial u}{\partial x_n}\frac{\partial x_n}{\partial y_j}$$

■

예제 10-13

$u = xye^{z}$, $x = r^{-2}st$, $y = rs\cos t$, $z = r\ln t$이라고 할 때 $\frac{\partial u}{\partial r}$을 구하여라.

풀이 $\frac{\partial u}{\partial x} = ye^{z}$, $\frac{\partial u}{\partial y} = xe^{z}$, $\frac{\partial u}{\partial z} = xye^{z}$, $\frac{\partial x}{\partial r} = -2r^{-3}st$, $\frac{\partial y}{\partial r} = s\cos t$, $\frac{\partial z}{\partial r} = \ln t$이므로

$$\frac{\partial u}{\partial r} = \frac{\partial u}{\partial x}\frac{\partial x}{\partial r} + \frac{\partial u}{\partial y}\frac{\partial y}{\partial r} + \frac{\partial u}{\partial z}\frac{\partial z}{\partial r}$$

$$= (ye^{z})(-2r^{3}st) + (xe^{z})(s\cos t) + (xye^{z})(\ln t)$$

$$= (rs\cos t e^{r\ln t})(-2r^{-3}st) + (r^{-2}ste^{r\ln t})(s\cos t) + (r^{-2}st)(rs\cos t)e^{r\ln t}\ln t$$

$$= (-2r^{-2}s^2t^{r+1}\cos t) + (r^{-2}s^2t^{r+1}\cos t) + (r^{-1}s^2t^{r+1}\cos t\ln t)$$

■

연습문제 Exercises

1. 극한값을 구하여라.

(가) $\lim_{(x,y)\to(1,2)} (xy^2 - y^2 + 3x^2y^2 - 2xy^3)$

(나) $\lim_{x\to(0,1)} \frac{xy^2}{x^2+y^2}$

(다) $\lim_{(x,y)\to(1,1)} \frac{x-y}{x^2-y^2}$

(라) $\lim_{(x,y)\to(1,1)} \frac{\cos(xy)}{x}$

(마) $\lim_{(x,y)\to(1,1)} \frac{2x+2y}{x^2+xy}$

(바) $\lim_{(x,y,z)\to(1,1,2)} \frac{2x^2y-xz^2}{y^2-xz}$

2. 다음 다변수함수의 편도함수를 구하여라.

(가) $f(x,\ y) = 2x^3 - x^2y - xy^2 + 3y^3$

(나) $f(x,\ y,\ z) = e^{yz}\ln^x$

(다) $f(x,\ y,\ z) = \cos(4y - xz)$

(라) $u(x,\ y) = e^x \sin y$

(마) $z = \frac{xy}{x+y}$

(바) $z = x^y$

(사) $w = x\sin y \ln z$

3. 다음 주어진 점에서 다변수함수의 편미분계수를 구하여라.

(가) $z = \sqrt{x^2+y^2}$, (1, 2)

(나) $w = xye^y\cos(xz)$, (1, 1, 1)

(다) $u = \frac{2xy}{x^2-y^2}$, (2, 1)

(라) $t = \ln(x^2 + y^2)$, $(3,\ 1)$

4. 다음 함수의 이계편도함수를 구하여라.

(가) $f(x,\ y) = \sin(x^2 y)$

(나) $f(x,\ y) = xy^3 + e^{x^2 y}$

(다) $z = \dfrac{x}{\sqrt{x^2 + y^2}}$

(라) $u = w\cos(xyz)$

(마) $f(x,\ y) = x^y$

(바) $z = x\ln y$

(사) $u = x^{\frac{y}{z}}$

(아) $u = \sqrt{x_1^2 + x_2^2 + \cdots + x_n^2}$

5. 다음 함수의 편미분계수를 구하여라.

(가) $f(x,\ y) = \sqrt{x^2 - y^2}$, $f_y(2,\ 1)$

(나) $f(x,\ y) = \cos(3x + 2y)$, $f_x(1,\ 2)$

(다) $f(x,\ y,\ z) = \dfrac{y}{x+z}$, $f_z(1,\ 1,\ 2)$

(라) $g(u,\ v,\ w) = u\sec(vw)$, $f_w(2,\ 0,\ 1)$

6. 연쇄법칙을 이용하여 다음 함수의 편도함수를 구하여라.

(가) $z = \sin(\pi t)\cos(\sqrt{t})$

(나) $z = \ln(\sin t + \cos t)$

(다) $w = xy^2 z, x = t^3$, $y = t - 1$, $z = \dfrac{1}{t}$

(라) $w = e^t \sin t + \sin t \ln t$

(힌트 : $x = e^t$, $y = \sin t$, $z = \ln t$)

(마) $z = x^2 - 2xy - 3y^2$, $x = st$, $y = se^t$

(바) $z = \sin(3x + t)\tan(s + t)$

(힌트 : $x = 3s + t$, $y = s + t$)

MEMO

연습문제 풀이

1장 연습문제 풀이

1.1

1. (가) $A^C = \{8, 9, 10, 11\}$

2. (다)

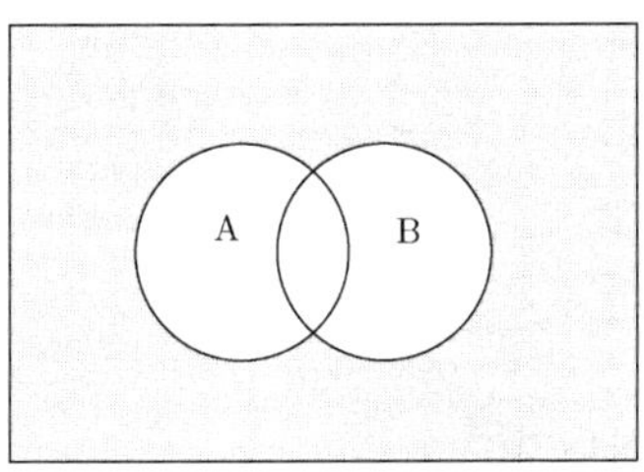

3. (가)

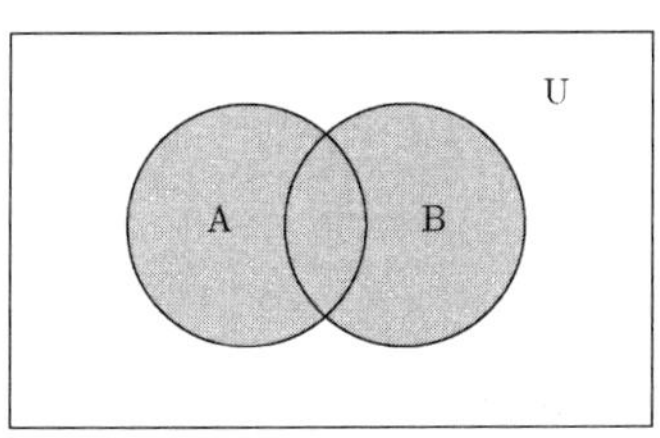

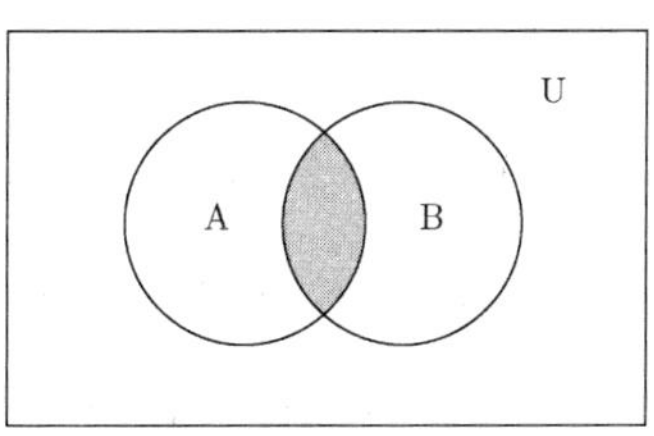

1.2

1. (가) $A \times B = \{(1, 1), (1, 2), (2, 1), (2, 2), (3, 1), (3, 2)\}$

2. (라) $f(x+1) = (x+1)^2 - 1$

3. (나) $D(g) = \{g \in \mathbb{R} \mid g \geq 0\}$

독립변수는 r, 종속변수는 g이다.

4. (나)

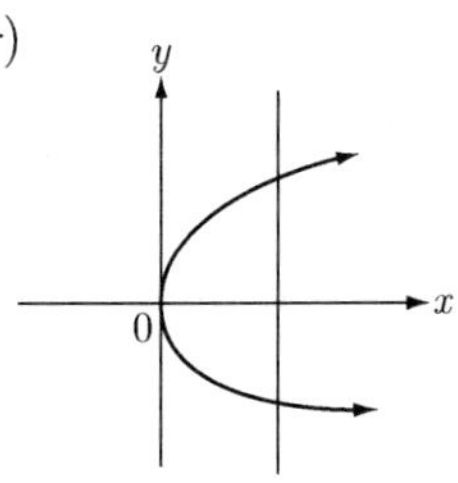

y값 하나에 x값 두 개가 대응되므로 함수가 아니다.

1.3

1. (가) $(f \circ g)(x) = f(g(x) = f(|x|) = |x| - 3$

2. (나)

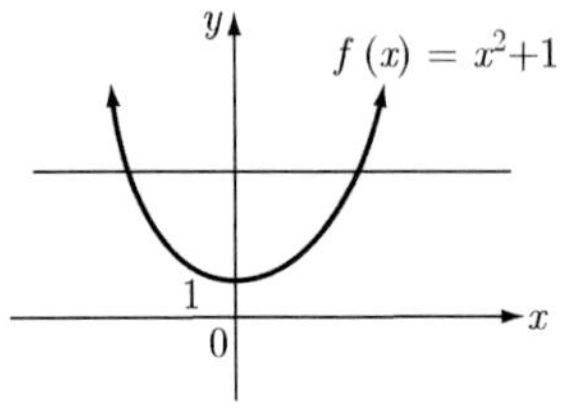

x값 두 개가 y값 한 개에 대응되므로 단사함사가 아니다. 그래서 1−1 대응함수가 아니다.

3. (나)

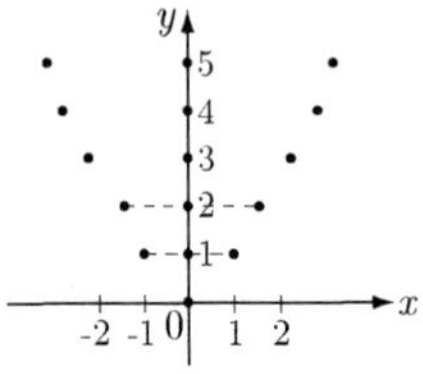

1−1함수(단사)가 아니므로 전단사 함수가 아니다.

1.4

2. (가) $2^6 \cdot 2^3 = 2^{6+3} = 2^9$

(라) $27^{\frac{x}{3}} = (3^3)^{\frac{x}{3}} = 3^{3 \times \frac{x}{3}} = 3^x$

(사) $\log_3 \frac{1}{27} = \log_3 3^{-3} = -3\log_3 3 = -3$

3. (가) $\log_2 35 = \log_2 5 \times 7 = \log_2 5 + \log_2 7 = 2.322 + 2.807 = 5.129$

(다) $\log_2 625 = \log_2 5^4 = 4\log_2 5 = 4(2.322) = 9.288$

1.5

1. (가) $\sin\frac{3}{4}\pi = \sin\frac{\pi}{4} = \frac{\sqrt{2}}{2}$

(바) $\mathrm{cosec}\left(\frac{5}{6}\pi\right) = \frac{1}{\sin\left(\frac{5}{6}\pi\right)} = \frac{1}{\sin\left(\frac{\pi}{6}\right)} = \frac{1}{\frac{1}{2}} = 2$

2. (나) $\sin\theta = \frac{1}{2} > 0$인 경우, θ는 Ⅰ, Ⅱ 사분면의 값이다. 그런데 조건에서 Ⅱ, Ⅲ 사분면이 주어졌으므로 θ는 Ⅱ사분면에서의 값이다.

$\theta = \frac{5}{6}\pi$

2장 연습문제 풀이

2.1

1. (가) $\lim_{x\to a}\{f(x)-g(x)\}=\lim_{x\to a}f(x)-\lim_{x\to a}g(x)=2-(-3)=5$

(마) $\lim_{x\to a}\{f(x)\}^3=\lim_{x\to a}f(x)\lim_{x\to a}f(x)\lim_{x\to a}f(x)=2\cdot 2\cdot 2=8$

2. (가) $\lim_{x\to -1}(2x^3-3x^2+x-5)=2(-1)^3-3(-1)^2+(-1)-5=-2-3-1-5=-11$

(라) $\lim_{x\to 2}\dfrac{x^2-x-2}{x-2}=\lim_{x\to 2}\dfrac{(x-2)(x+1)}{x-2}=\lim_{x\to 2}(x+1)=3$

3. (나) $-1\le \sin\dfrac{1}{x}\le 1$이고 $\lim_{x\to 0}x=0$이므로 $\lim_{x\to 0}x\sin\left(\dfrac{1}{x}\right)=0$이다.

4. (가) $\lim_{x\to 1^+}g(x)=\lim_{x\to 1^+}(x-1)=0$

(라) $\lim_{x\to -1^-}g(x)=\lim_{x\to -1^-}(-x)=1$

2.2

1. (가) $f(x)=x^2+2x$라고 하자.

평균변화율은 $\dfrac{f(3)-f(1)}{3-1}$이므로 그러므로 $\dfrac{15-3}{2}=6$이다.

2. (나) $y'=2x$이므로 접선의 기울기는 2이다. (1, 1)을 지나는 접선의 방정식은 $y-1=2(x-1)$ 또는 $y=2x-1$

3. (가) $f'(a)=\lim_{h\to 0}\dfrac{f(a+h)-f(a)}{h}=\lim_{h\to 0}\dfrac{(1+h)^{10}-1}{h}$이므로 $f(x)=x^{10}$이고 $a=1$이다.

4. (가) $f'(0)$가 존재한다는 의미는 $x=0$에서 미분가능하고 그래서 $x=0$에서 연속함수라는 것이다. $x=0$에서 $f(x)$가 연속이기 위해서 $\lim_{x\to 0}f(x)=f(0)$를 만족해야 한다.

$\lim_{x\to 0}f(x)=\lim_{x\to 0}x\sin\left(\dfrac{1}{x}\right)=0$이고 $f(0)=0$이므로 연속이다.

즉 $f'(0)$이 존재한다.

2.3

1. (가) $f(x)=\dfrac{1}{2}x-\dfrac{1}{3}$;

$$f'(x)=\lim_{h\to 0}\frac{\frac{1}{2}(x+h)-\frac{1}{3}-\left(\frac{1}{2}x-\frac{1}{3}\right)}{h}=\lim_{h\to 0}\frac{\frac{1}{2}h}{h}=\frac{1}{2}$$

$f'(x)$의 정의역은 모든 실수 $\mathbb{R}$이다.

$f'(x)$의 그래프는 아래와 같다.

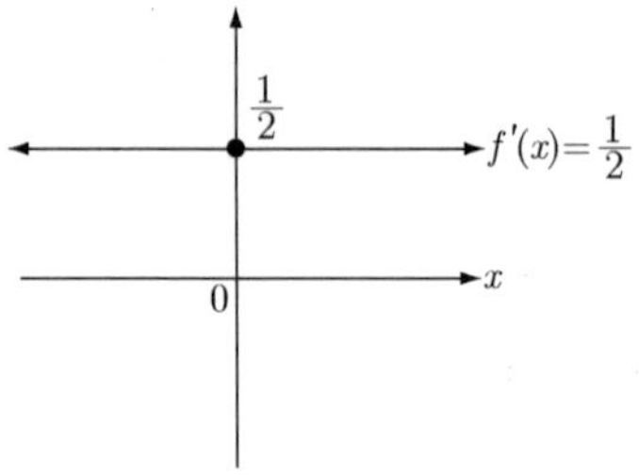

2. (가) 직선 $y=5x$의 기울기와 $f'(a)$가 같아야 한다. 그래서 $f'(a)=5$를 만족하는 a를 찾으면, $f'(a)=-2a=5$ 따라서 $a=-\frac{5}{2}$이며 한 점의 x좌표가 $-\frac{5}{2}$이다. 그러므로 y좌표는 $f\left(-\frac{5}{2}\right)=-\frac{13}{4}$이다. 접선의 방정식은

$y-\left(-\frac{13}{4}\right)=5\left(x+\frac{5}{2}\right)$이므로 $y=5x+\frac{37}{4}$이다.

2.4

1. (다) $f'(x)=\frac{3(x^2-1)-(3x+1)(2x)}{(x^2-1)^2}=\frac{-3x^2-2x-3}{(x^2-1)^2}$

(라) $f'(x)=(\sin x)'\cos x+\sin x(\cos x)'=\cos^2 x-\sin^2 x$

2. $\lim_{x\to a}\{f(x)+g(x)\}+\lim_{x\to a}\{f(x)-g(x)\}=3,$

$\lim_{x\to a}\{f(x)+g(x)\}-\lim_{x\to a}\{f(x)-g(x)\}=1$

즉 $\lim_{x\to a}f(x)=\frac{3}{2}$, $\lim_{x\to a}g(x)=\frac{1}{2}$이다.

그러므로 $\lim_{x\to a}f(x)g(x)=\frac{3}{4}$

4. $\frac{d}{dx}\left\{\frac{f(x)}{x^2}\right\}=\frac{f'(x)x^2-f(x)(2x)}{x^4}$

$\frac{d}{dx}\left\{\frac{f(x)}{x^2}\right\}\Big|_{x=1}=\frac{f'(1)(1^2)-f(1)2}{1^4}=f'(1)-2f(1)=-1-2(2)=-5$

2.5

1. (나) $y'=-2\operatorname{cosec}x\cot x+5(-\sin x)=-2\operatorname{cosec}x\cot x-5\sin x$

2. (나) $y'=1\sin x+(1+x)\cos x$

$y'|_{x=0}=\sin 0+\cos 0=1$

접선의 방정식은 $y-0=1(x-0)$ 또는 $y=x$이다.

3. $\lim_{x\to 0^+}f(x)=f(0)$와 $\lim_{x\to 1^-}f(x)=f(1)$을 만족해야 한다.

2.5 $\lim_{x\to0^+}\frac{\sin\pi x}{x(1-x)}=\left(\lim_{x\to0^+}\frac{\sin\pi x}{\pi x}\pi\right)\left(\lim_{x\to0^+}\frac{1}{1-x}\right)=\left(\lim_{\pi x\to0^+}\frac{\sin\pi x}{\pi x}\pi\right)1=1\cdot\pi\cdot1=\pi$

그러므로 $f(0)=\pi$이다.

$\lim_{x\to1^-}\frac{\sin\pi x}{x(1-x)}=\left(\lim_{1-x\to0^+}\frac{\sin(\pi-\pi x)}{\pi(1-x)}\pi\right)\left(\lim_{x\to1^-}\frac{1}{x}\right)=\left(\lim_{\pi(1-x)\to0^+}\frac{\sin(\pi-\pi x)}{\pi(1-x)}\pi\right)1=\pi$

그러므로 $f(1)=\pi$이다.

2.6

1. (나) $f(x)=\begin{cases}\ln x & (x\geq0)\\ \ln(-x) & (x<0)\end{cases}$

$$f'(x)=\begin{cases}\frac{1}{x} & (x\geq0)\\ \frac{-1}{-x}=\frac{1}{x} & (x<0)\end{cases}$$

그러므로 $f'(x)=\frac{1}{x}$이다.

(마) $y'=(x)'\ln x+x(\ln x)'=\ln x+x\frac{1}{x}=\ln x+1$

(바) $y'=\frac{3^x\ln3x^2-3^x(2x)}{x^4}=\frac{\ln3\,3^xx-2\,3^x}{x^3}$

3장 연습문제 풀이

3.1

1. (가) $u=4x,\ y=\sin u$

$$\frac{dy}{dx}=\frac{dy}{du}\frac{du}{dx}=\frac{d(\sin u)}{du}\frac{d(4x)}{dx}=\cos u(4)=4\cos(4x)$$

2. (가) $u=x^2+2x+3,\ y=u^{\frac{1}{3}}$이라 놓자.

연쇄법칙을 이용하면

$$\frac{dy}{dx}=\frac{d(u^{\frac{1}{3}})}{du}\frac{d(x^2+2x+3)}{dx}=\frac{1}{3}u^{-\frac{2}{3}}(2x+2)=\frac{2}{3}(x+1)(x^2+2x+3)^{-\frac{2}{3}}$$

3.1

(라) $u=\frac{x}{3}+1,\ y=\tan u$라고 놓자.

$$\frac{dy}{dx}=\frac{d(\tan u)}{du}\frac{d\left(\frac{x}{3}+1\right)}{dx}=\sec^2u\left(\frac{1}{3}\right)=\frac{1}{3}\sec^2\left(\frac{x}{3}+1\right)$$

(카) $u=e^t$, $w=\dfrac{1}{u}$, $g(t)=\sin w$라고 놓자.

$$\frac{dg(t)}{dt}=\frac{dg(t)}{dw}\frac{dw}{du}\frac{du}{dt}=(\cos w)\,(-u^{-2})\,(e^t)$$
$$=-\cos(e^{-t})\,(e^{-2t})\,(e^t)=-\cos(e^{-t})\,e^{-t}$$

3. (가) $(\sin^{-1}x)'=\dfrac{1}{\sqrt{1-x^2}}$이므로

$y=\sin^{-1}(x^2+1)$이라 놓고

$u=x^2+1$, $y=\sin^{-1}u$라고 하자.

$$\frac{dy}{dx}=\frac{d(\sin^{-1}u)}{du}\,\frac{d(x^2+1)}{dx}=\frac{1}{\sqrt{1-u^2}}\,(2x)=\frac{2x}{\sqrt{1-(x^2+1)^2}}=\frac{2x}{\sqrt{-x^2-2x}}$$

3.2

1. (가) $\dfrac{d(x^3)}{dx}-2\dfrac{d(x^2y)}{dx}+3\dfrac{d(xy^2)}{dx}-\dfrac{d(y^3)}{dx}=0$

$3x^2-2\{2xy+x^2y'\}+3\{y^2+2xyy'\}-3y^2y'=0$

$y'(-2x^2+6xy-3y^2)=-3x^2+4xy-3y^2$

그러므로

$y'=\dfrac{3x^2-4xy+3y^2}{2x^2-6xy+3y^2}$이다.

(마) $\dfrac{d\left(\dfrac{y}{x}\right)}{dx}+\dfrac{d\left(\dfrac{x}{y}\right)}{dx}=0$

$\dfrac{y'x-y}{x^2}+\dfrac{y-xy'}{y^2}=0\ (x\neq0,\ y\neq0)$

$y^2(y'x-y)+x^2(y-xy')=0$

$y'(xy^2-x^3)=y^3-x^2y$

그러므로

$y'=\dfrac{y^3-x^2y}{xy^2-x^3}$이다.

2. (가) $\dfrac{d(x^2)}{dx}+\dfrac{d(y^2)}{dx}=0$,

$2x+2yy'=0$,

$y'=-\dfrac{x}{y}$

$y'|_{(2,1)}=\dfrac{-1}{2}$

즉 접선의 기울기 $m=-\dfrac{1}{2}$이다.

그러므로 $(2,\ 1)$에서 접선의 방정식은

$y-1=-\frac{1}{2}(x-2)$ 또는 $y=-\frac{1}{2}x+2$

4. (다) 양변에 자연로그를 취하자.

$\ln y=(\ln x)^2$

양변을 x에 대해 미분하자.

$\frac{1}{y}y'=2\ln x\ \frac{1}{x}$

$y'=2y\ \frac{\ln x}{x}=2x\ln x\ \frac{\ln x}{x}=2\ln x\ x\ln x-1$

(라) $\ln^y=\cos x\ \ln x$

$\frac{1}{y}y'=-\sin x\ \ln x+\cos x\ \frac{1}{x}$

$y'=x\cos x\left(-\sin x\ln x+\frac{\cos x}{x}\right)$

3.3

1. (나) $g'(t)=2\cos t+3\sin t\,g''(t)=-2\sin t+3\cos t$

(라) $y'=-\sin x\,e\cos x$

$y''=-\cos x\ e\cos x-\sin x\ e\cos x(-\sin x)=-\cos x\,e\cos x+\sin^2 x\,e\cos x$

$=e\cos x(\sin^2 x-\cos x)$

2. (가) $\frac{d(x^4)}{dx}+\frac{d(y^4)}{dx}=0$

$4x^3+4y^3y'=0$ ($y\neq0$이어야 y'이 존재한다.)

그래서 $y'=-\frac{x^3}{y^3}$,

즉 $\frac{dy}{dx}=-\frac{x^3}{y^3}$이다.

$\frac{d}{dx}\left(\frac{dy}{dx}\right)=\frac{d^2y}{dx^2}$이므로

$\frac{d}{dx}\left(-\frac{x^3}{y^3}\right)=-\frac{d}{dx}\left(\frac{x^3}{y^3}\right)=-\left\{\frac{3x^2y^3-x^3(3y^2)y'}{y^6}\right\}$

다시 위의 식을 정리해보면

$y''=-\frac{3x^2y^3-3x^3y^2y'}{y^6}=-\frac{3x^2y=-3x^3y'}{y^4}$

여기서 $y'=-\frac{x^3}{y^3}$이었으므로, 위의 식에 대입하면

$y''=-\frac{3x^2y-3x^3\left(-\frac{x^3}{y^3}\right)}{y^4}$ $(y\neq0)$

$$=-\frac{3x^2y^4+3x^4}{y^7}$$

$$=-\frac{3x^2(y^4+x^4)}{y^7}$$

4장 연습문제 풀이

1. (가) $\int_0^1 x^3dx=\lim_{n\to\infty}\sum_{k=1}^{n}f(x_k)\triangle x,\ x_k\in[x_{k-1},\ x_k].$

$f(x)=x^3,\ \triangle x=\frac{1}{n},\ P=\left\{x_0=0,\ x_1=\frac{1}{n},\ \cdots,\ x_n=\frac{n}{n}\right\}$라고 놓자. 이때

$$\lim_{n\to\infty}\left\{\left(\frac{1}{n}\right)^3+\left(\frac{2}{n}\right)^3+\cdots+\left(\frac{n}{n}\right)^3\right\}\frac{1}{n}=\lim_{n\to\infty}\frac{1}{n^4}\{1^3+2^3+\cdots+n^3\}$$

$$=\lim_{n\to\infty}\frac{1}{n^4}\left\{\frac{n(n+1)}{2}\right\}^2$$

$$=\lim_{n\to\infty}\frac{n^4+n^2}{4n^4}$$

$$=\lim_{n\to\infty}\frac{1+\frac{1}{n^2}}{4}$$

$$=\frac{1}{4}$$

그러므로

$$\int_0^1 x^3dx=\frac{1}{4}$$

1. (다) $\int_1^2(x^2-1)dx=\lim_{n\to\infty}\sum_{k=1}^{n}f(x_k)\triangle x,\ x_k\in[x_{k-1},\ x_k]$

$f(x)=x^2-1,\ \triangle x=\frac{2-1}{n}=\frac{1}{n},$

$P=\left\{x_0=1,\ x_1=1+\frac{1}{n},\ x_2=1+\frac{2}{n},\ \cdots,\ x_n=1+\frac{n}{n}\right\}.$

$$\lim_{n\to\infty}\left\{\left(1+\frac{1}{n}\right)^2-1+\left(1+\frac{2}{n}\right)^2-1+\cdots+\left(1+\frac{n}{n}\right)^2-1\right\}\frac{1}{n}$$

$$=\lim_{n\to\infty}\left\{\left(\frac{n+1}{n}\right)^2+\left(\frac{n+2}{n}\right)^2+\cdots+\left(\frac{n+n}{n}\right)^2-n\right\}\frac{1}{n}$$

$$= \lim_{n\to\infty}\frac{1}{n^3}\{(n+1)^2+(n+2)^2+\cdots+(n+n)^2\}-\lim_{n\to\infty}1$$

$$= \lim_{n\to\infty}\frac{1}{n^3}\sum_{k=1}^{n}(n+k)^2-\lim_{n\to\infty}1$$

$$= \lim_{n\to\infty}\frac{1}{n^3}\left\{n^3+2n\sum_{k=1}^{n}k+\sum_{k=1}^{n}k^2\right\}-\lim_{n\to\infty}1$$

$$= \lim_{n\to\infty}\frac{1}{n^3}\left\{n^3+2n\frac{n(n+1)}{2}+\frac{n(n+1)(2n+1)}{6}\right\}-\lim_{n\to\infty}1$$

$$= \lim_{n\to\infty}\frac{14n^3+9n^2+n}{6n^3}-\lim_{n\to\infty}1$$

$$= \frac{7}{3}-1=\frac{4}{3}.$$

1. (마) $\int_0^3 (x^3+6x)dx = \lim_{n\to\infty}\sum_{k=1}^{n} f(x_k)\triangle x,\ x_k\in[x_{k-1},\ x_k].$

$$f(x)=x^3-6x,\ \triangle x=\frac{3}{n},\ P=\left\{x_0=0,\ x_1=\frac{3}{n},\ x_2=\frac{6}{n},\ \cdots,\ x_n=\frac{3n}{n}\right\}.$$

$$\lim_{n\to\infty}\sum_{k=1}^{n}f(x_k)\triangle x=\lim_{n\to\infty}\left\{\left[\left(\frac{3}{n}\right)^3+6\frac{3}{n}\right]+\left[\left(\frac{6}{n}\right)^3+6\frac{6}{n}\right]+\cdots+\left[\left(\frac{3n}{n}\right)^3+6\frac{3n}{n}\right]\right\}\frac{3}{n}$$

$$=\lim_{n\to\infty}\left(\frac{81}{n^4}\sum_{k=1}^{n}k^3\right)+\lim_{n\to\infty}\left(\frac{54}{n^2}\sum_{k=1}^{n}k\right)$$

$$=\lim_{n\to\infty}\left(\frac{81}{n^4}\left(\frac{n(n+1)}{2}\right\}^2\right)+\lim_{n\to\infty}\left(\frac{54}{n^2}\frac{n(n+1)}{2}\right)$$

$$=\frac{81}{4}+\frac{54}{2}=\frac{189}{4}.$$

2. (가) $\int_{-2}^{0} x^2dx+\int_0^1 x^2dx=\int_{-2}^{1} x^2dx$

(다) $\int_5^3 f(x)dx+\int_1^5 f(x)dx=\int_1^5 f(x)dx+\int_5^3 f(x)dx=\int_1^3 f(x)dx$

5장 연습문제 풀이

1. (가) $\int (x^2-2x+3)dx=\frac{1}{3}x^3-x^2+3+c$

(다) $\int\left(\frac{2}{x^3}-\frac{3}{x^2}\right)dx=2\int x^{-3}dx-3\int x^{-2}dx=-x^{-2}+3x^{-1}+c$

(마) $\int\left(x+\frac{1}{x}\right)^2 dx=\int(x^2+2+x^{-2})dx=\frac{1}{3}x^3+2x-\frac{1}{x}+c$

(사) $\int 2\mathrm{cosec}x\,\sin x dx=2\int\frac{1}{\sin x}\cdot\sin x dx=2x+c$

(자) $\int\left(\sqrt{s}+\frac{1}{\sqrt{s}}\right)ds=\int\left(s^{\frac{1}{2}}+s^{-\frac{1}{2}}\right)ds=\frac{2}{3}s^{\frac{3}{2}}+2s^{\frac{1}{2}}+c$

2. (가) $\int_{-1}^{1}1dx=[x]_{-1}^{1}=1-(-1)=2$

(다) $\int_{-1}^{2}(2x^2-3x+1)dx=\left[\frac{2}{3}x^3-\frac{3}{2}x^2+x\right]_{-1}^{2}$

$$=\left(\frac{16}{3}-\frac{12}{2}+2\right)-\left(-\frac{2}{3}-\frac{3}{2}-1\right)$$

$$=\frac{18}{3}-\frac{9}{2}+3$$

$$=\frac{9}{2}$$

(마) $\int_{1}^{2}|2x-3|dx=\int_{1}^{\frac{3}{2}}(3-2x)dx+\int_{\frac{3}{2}}^{2}(2x-3)dx$

$$=[3x-x^2]_1^{\frac{3}{2}}+[x^2-3x]_{\frac{3}{2}}^{2}$$

$$=\left\{\left(\frac{9}{2}-\frac{9}{4}\right)-(3-1)\right\}+\left\{(4-6)-\left(\frac{9}{4}-\frac{9}{2}\right)\right\}$$

$$=\frac{18}{2}-\frac{9}{2}-4$$

$$=\frac{1}{2}$$

(사) $\int_{-1}^{2}|2x+1|dx=-\int_{-1}^{-\frac{1}{2}}(2x+1)dx+\int_{-\frac{1}{2}}^{2}(2x+1)dx$

$$=[-x^2-x]_{-1}^{-\frac{1}{2}}+[x^2+x]_{-\frac{1}{2}}^{2}$$

$$=\left\{\left(-\frac{1}{4}-\frac{1}{2}\right)-(-1+1)\right\}+\left\{(4+2)-\left(\frac{1}{4}-\frac{1}{2}\right)\right\}$$

$$=6-\frac{1}{2}$$

$$=\frac{11}{2}$$

6장 연습문제 풀이

1. (가) $\int x\left(\frac{1}{2}x^2+1\right)^3 dx$

$t=\frac{1}{2}x^2+1$이라고 놓자.

$dt=xdx$이므로

$$\int t^3 dt=\frac{1}{4}t^4+c=\frac{1}{4}\left(\frac{1}{2}x^2+1\right)^4+c$$

(다) $\int_0^1 \frac{x^2}{\sqrt{1+x^3}}dx$

$t=1+x^3$이라고 놓자.

$\frac{1}{3}dt=x^2dx$이므로

$$\int_0^1 \frac{x^2}{\sqrt{1+x^3}}dx=\frac{1}{3}\int_1^2 \frac{1}{\sqrt{t}}dt$$
$$=\frac{1}{3}\int_1^2 t^{-\frac{1}{2}}dt=\frac{2}{3}\left[t^{\frac{1}{2}}\right]_1^2$$
$$=\frac{2}{3}\left(2^{\frac{1}{2}}-1\right)$$

(마) $\int_0^{\frac{\pi}{2}} e^{\sin\theta}\cos\theta d\theta$

$t=\sin\theta$라고 놓자.

$dt=\cos\theta d\theta$이고

$\theta=0$일 때, $t=0$이고

$\theta=\frac{\pi}{2}$일 때 $t=1$이므로

$$\int_0^{\frac{\pi}{2}} e^{\sin\theta}\cos\theta d\theta=\int_0^1 e^t dt$$
$$=[e^t]_0^1$$
$$=e-1$$

(사) $\int_{\frac{\pi}{2}}^{\pi} \frac{\sin\theta}{1+\cos^2\theta}d\theta$

$t=\cos\theta$라고 놓자.

$-dt=\sin\theta d\theta$이므로

$$\int \frac{\sin\theta}{1+\cos^2\theta}d\theta = -\int_0^{-1}\frac{1}{1+t^2}dt$$
$$= -\left[\tan^{-1}t\right]_0^{-1}$$
$$= -\{\tan^{-1}(-1) - \tan^{-1}0\}$$
$$= -\left(\frac{3}{4}\pi - \pi\right)$$
$$= \frac{\pi}{4}$$

(자) $\int_0^{\sqrt{\frac{\pi}{2}}} x\cos(x^2)dx$

$t = x^2$이라고 놓자.

$\frac{1}{2}dt = xdx$이고, $x = 0$일 때 $t = 0$

$x = \sqrt{\frac{\pi}{2}}$일 때 $t = \frac{\pi}{2}$이므로

$$\int_0^{\sqrt{\frac{\pi}{2}}} x\cos(x^2)dx = \frac{1}{2}\int_0^{\frac{\pi}{2}}\cos t dt$$
$$= \frac{1}{2}[\sin t]_0^{\frac{\pi}{2}} = \frac{1}{2}\left(\sin\frac{\pi}{2} - \sin 0\right)$$
$$= \frac{1}{2}$$

7장 연습문제 풀이

1. (가) $\int_0^1 \tan^{-1}x dx$

$f(x) = \tan^{-1}x$, $g'(x) = 1$이라고 하면,

$f'(x) = \frac{1}{1+x^2}$이고 $g(x) = x$가 될 것이다.

$$\int_0^1 1\tan^{-1}x dx = [x\tan^{-1}x]_0^1 - \int_0^1 \frac{x}{1+x^2}dx$$

$\int_0^1 \frac{x}{1+x^2}dx$를 계산하기 위해 치환적분법을 이용하자.

$t = 1 + x^2$이라고 놓으면 $\frac{1}{2}dt = xdx$이고,

$x = 0$일 때 $t = 1$, $x = 1$일 때 $t = 2$가 된다.

그래서

$$\int_0^1 \frac{x}{1+x^2}dx = \frac{1}{2}\int_1^2 \frac{1}{t}dt$$
$$= \frac{1}{2}[\ln|t|]_1^2 = \frac{1}{2}\ln 2$$

그러므로

$$\int_0^1 \tan^{-1}x dx = \frac{\pi}{4} - \frac{1}{2}\ln 2$$

(다) $\int x\sin(3x)dx$

$f(x)=x$, $g'(x)=\sin(3x)$라고 놓으면 $f'(x)=1$, $g(x)=-\frac{1}{3}\cos(3x)$가 된다.

그래서

$$\int x\sin(3x)dx = -\frac{x\cos(3x)}{3} + \frac{1}{3}\int \cos(3x)dx$$
$$= -\frac{x\cos(3x)}{3} + \frac{1}{9}\sin(3x) + c$$

(마) $\int xe^{-x}dx$

$f(x)=x$, $g'(x)=e^{-x}$라고 놓자.
그러면 $f'(x)=1$, $g(x)=-e^{-x}$가 된다.
그래서

$$\int xe^{-x}dx = -xe^{-x} + \int e^{-x}dx$$
$$= -xe^{-x} - e^{-x} + c$$

(사) $\int x\sec^2 x dx$

$f(x)=x$, $g'(x)=\sec^2 x$라고 놓으면 $f'(x)=1$, $g(x)=\tan x$가 된다.
그래서

$$\int x\sec^2 x dx = x\tan x - \int \tan x dx$$

$\int \tan x dx = \int \frac{\sin x}{\cos x}dx$ 이므로

$t=\cos x$로 치환하면 $-dt=\sin x dx$ 이므로

$$\int \frac{\sin x}{\cos x}dx = -\int \frac{1}{t}dt$$
$$= -\ln|\cos x| + c$$

그래서

$$\int x dec^2 x dx = x\tan x + \ln|\cos x| + c$$

(자) $\int_0^1 (y^2+1)e^{-y}dy = \int_0^1 y^2e^{-y}dy + \int_0^1 e^{-y}dy$

$\int_0^1 y^2e^{-y}dy$를 계산하기 위해 부분적분법을 이용하자.

$f(y)=y^2$, $g'(y)=e^{-y}$라고 놓으면, $f'(y)=2y$, $g(y)=-e^{-y}$가 된다.

$$\int_0^1 y^2e^{-y}dy = [-y^2e^{-y}]_0^1 + 2\int_0^1 ye^{-y}dy$$
$$= -e^{-1} + 2\int_0^1 ye^{-y}dy$$

$\int_0^1 ye^{-y}dy$를 계산하기 위해 $f(y)=y$, $g'(y)=e^{-y}$라고 놓자.

$$\int_0^1 ye^{-y}dy = [-ye^{-y}]_0^1 + \int_0^1 e^{-y}dy$$
$$= -e^{-1} - [e^{-y}]_0^1$$
$$= -e^{-1} - (e^{-1} - e^0)$$
$$= -2e^{-1} + 1$$

그리고

$$\int_0^1 e^{-y}dy = -[e^{-y}]_0^1$$
$$= -(e^{-1} - e^0)$$
$$= -e^{-1} + 1$$

을 얻을 수 있어서

$$\int_0^1 (y^2+1)e^{-y}dy = -e^{-1} + 2(-2e^{-1}+1) + (1-e^{-1})$$
$$= -6e^{-1} + 3$$

8장 연습문제 풀이

1. (가) $\int \cos^3 x dx = \int \cos^2 x \cos x dx = I$라고 놓겠다.

$I = \int (1-\sin^2 x)\cos x dx$

$t = \sin x$라고 놓으면 $dt = \cos x dx$이므로

$I = \int (1-t^2)dt = t - \frac{1}{3}t^3 + c = \sin x - \frac{1}{3}\sin^3 x + c$

(다) $\int \sin \sec^2 x \tan^2 x dx = \int \sec^2 x(\sec^2 x - 1)dx = I_1$라고 놓고,

$I_2 = \int \sec x \sec^3 x dx$ 라고 놓자.

$I_1 = I_2 - \tan x + c$ 이므로 I_2를 구하여보자.

$f(x) = \sec x$, $g'(x) = \sec^3 x$ 라고 놓으면 $f'(x) = \sec x \tan x$ 이고

$g(x) = \frac{1}{2}\sec x \tan x + \frac{1}{2}\ln|\sec x + \tan x|$ (참고 : 예제 8)이 될 것이다.

그래서

$$I_2 = \frac{1}{2}\sec^2 x \tan x + \frac{1}{2}\sec x \ln|\sec x + \tan x| - \frac{1}{2}\int (\sec^2 x \tan^2 x + \sec x \tan x \ln|\sec x + \tan x|)dx$$

$$I_2 = \frac{1}{2}(\sec^2 x \tan x + \sec x \ln|\sec x + \tan x|) - \frac{1}{2}(I_2 - \tan x) - \frac{1}{2}\int \sec x \tan x \ln|\sec x + \tan x| dx$$

$$\frac{3}{2}I_2 = \frac{1}{2}\sec x(\sec x \tan x + \ln|\sec x + \tan x|) + \frac{1}{2}\tan x - \frac{1}{2}\int \sec x \tan x \ln|\sec x + \tan x| dx$$

여기서 $I_3 = \int \sec x \tan x \ln|\sec x + \tan x| dx$ 라고 놓겠다.

$f(x) = \ln|\sec x + \tan x|$, $g'(x) = \sec x \tan x$ 라고 놓으면,

$f'(x) = \sec x$ 이고 $g(x) = \sec x$ 가 된다.

다시 부분적분법을 이용하면,

$$I_3 = \sec x \ln|\sec x + \tan x| - \int \sec^2 x dx = \sec x \ln|\sec x + \tan x| - \tan x + c$$

그러므로

$$I_2 = \frac{1}{3}\sec x(\sec x \tan x + \ln|\sec x + \tan x|) + \frac{1}{3}\tan x - \frac{1}{3}(\sec x \ln|\sec x + \tan x| - \tan x) + c,$$

$$= \frac{1}{3}\sec^2 x \tan x + \frac{2}{3}\tan x + c$$

$$I_1 = \int \sec^2 x \tan^2 x dx = \frac{1}{3}\sec^2 x \tan x - \frac{1}{3}\tan x + c$$

(마) $\int \tan^3 x dx = \int \tan^2 x \tan x dx = \int (\sec^2 x - 1)\tan x dx$

$$= \int \sec^2 x \tan x dx - \int \tan x dx$$

$I_1 = \int \sec^2 x \tan x dx$, $I_2 = \int \tan x dx$ 라고 놓겠다.

I_1에서 $t = \sec x$ 로 치환하면 $dt = \sec x \tan x dx$ 이므로

$$I_1 = \int t dt = \frac{1}{2}\sec^2 x + c$$

I_2를 구하기 위해, $\tan x = \frac{\sin x}{\cos x}$ 이므로 다시 쓰면,

$I_2 = \int \frac{\sin x}{\cos x} dx$ 이다.

이 때 $t = \cos x$ 로 치환하면, $-dt = \sin x dx$ 이므로

$I_2 = -\int \frac{1}{t} dt = -\ln|\cos x| + c$가 된다.

그러므로 $\int \tan^3 x dx = \frac{1}{2}\sec^2 x + \ln|\cos x| + c$

(사) $\int \tan^6 x \sec^4 x dx = I$라고 놓겠다.

$t = \tan x$로 치환하면 $dt = \sec^2 x dx$이므로

$I = \int \tan^6 x (1 + \tan^2 x)\sec^2 x dx = \int (t^6 + t^8) dt$

$= \frac{1}{7}\tan^7 x + \frac{1}{9}\tan^9 x + c$

(자) $\int_0^{\frac{\pi}{4}} \sec^4\theta \tan^4\theta d\theta = I$라고 놓겠다.

$t = \tan\theta$라고 치환하면, $dt = \sec^2\theta d\theta$이며

$\theta = 0$일 때 $t = 0$이고 $\theta = \frac{\pi}{4}$일 때 $t = 1$이 된다.

그래서

$I = \int_0^{\frac{\pi}{4}} (1 + \tan^2\theta)\tan^4\theta \sec^2\theta d\theta = \int_0^1 (1 + t^2) t^2 dt$

$= \left[\frac{1}{3}t^3 + \frac{1}{5}t^5\right]_0^1 = \frac{1}{3} + \frac{1}{5} = \frac{8}{15}$

2. (가) $\int \sqrt{1 - 4x^2}\, dx = I$라고 놓겠다.

$x = \frac{1}{2}\sin\theta$라고 치환하면 $dx = \frac{1}{2}\cos\theta d\theta$가 된다.

$I = \int \sqrt{1 - 4 \cdot \frac{\sin^2\theta}{4}}\ \frac{1}{2}\cos\theta d\theta$

$\frac{1}{2}\int \cos^2\theta d\theta = \frac{1}{2}\int \frac{1 + \cos(2\theta)}{2} d\theta$

$= \frac{1}{4}\left(\theta + \frac{1}{2}\sin(2\theta)\right) + c$

$= \frac{1}{4} + \frac{1}{4}\sin\theta\cos\theta + c$, $(\sin 2\theta = 2\sin\theta\cos\theta)$

$= \frac{1}{4}\sin^{-1}(2x) + \frac{x}{2}\sqrt{1 - 4x^2} + c$, $(\cos\theta = \sqrt{1 - 4x^2})$

(다) $\int \sqrt{9 + x^2}\, dx = I$라고 놓겠다.

$x = 3\tan\theta$라고 치환하면 $dx = 3\sec^2\theta d\theta$가 된다.

$I = \int \sqrt{9 + 9\tan^2\theta}\ 3\sec^2\theta d\theta = 9\int \sec^3\theta d\theta$

$$=9\frac{1}{2}(\sec\theta\tan\theta+\ln|\sec\theta+\tan\theta|)+c$$

여기서 $\sec\theta=\sqrt{1+\tan^2\theta}=\sqrt{1+\frac{x^2}{9}}$ 이므로

$$I=\frac{9}{2}\left(\sqrt{1+\frac{x^2}{9}}\,\frac{x}{3}+\ln\left|\sqrt{1+\frac{x^2}{9}}+\frac{x}{3}\right|\right)+c$$

$$=\frac{3}{2}x\sqrt{1+\frac{x^2}{9}}+\frac{9}{2}\ln\left|\sqrt{1+\frac{x^2}{9}}+\frac{x}{3}\right|+c$$

(마) $\int\frac{x}{\sqrt{x^2+4}}dx$를 I라고 놓겠다.

$t=x^2+4$로 치환하면 $\frac{1}{2}dt=xdx$이므로

$$I=\frac{1}{2}\int\frac{1}{\sqrt{t}}dt=\sqrt{t}+c=\sqrt{x^2+4}+c$$

(사) $\int_{-\frac{5}{2}}^{\frac{5}{2}}\sqrt{25-4x^2}\,dx$를 I라고 놓겠다.

$x=\frac{5}{2}\cos\theta$로 치환하면 $dx=-\frac{5}{2}\sin\theta d\theta$이고

$x=-\frac{5}{2}$일 때 $\theta=\pi$이며 $x=\frac{5}{2}$일 때 $\theta=0$이므로

$$I=-\frac{5}{2}\int_{\pi}^{0}\sqrt{25(1-\cos^2\theta)}\,\sin\theta d\theta$$

$$=\frac{25}{2}\int_0^{\pi}\sin^2\theta d\theta$$

$$=\frac{25}{2}\int_0^{\pi}\frac{1-\cos(2\theta)}{2}d\theta$$

$$=\frac{25}{4}\left[\theta-\frac{\sin(2\theta)}{2}\right]_0^{\pi}$$

$$=\frac{25}{4}\left\{\left(\pi-\frac{\sin(2\pi)}{2}\right)-\left(0-\frac{\sin 0}{2}\right)\right\}$$

$$=\frac{25}{4}\pi$$

3. (가) $\int\frac{x+5}{x^2+x-2}=I$라고 놓겠다.

$\frac{x+5}{x^2+x-2}=\frac{A}{x+2}+\frac{B}{x-1}$로 분해될 수 있다. 그래서

$x+5=A(x-1)+B(x+2)$이므로

$A+B=1,\ -A+2B=5$를 만족해야 한다.

$A=-1$, $B=2$를 얻게 된다.

$$I=\int \frac{-1}{x+2}dx+\int \frac{2}{x-1}dx$$

$$=-\ln|x+2+2\ln|x-1|+c$$

(다) $\int \frac{1}{x(x+1)^2}dx+I$라고 놓겠다.

$\frac{1}{x(x+1)^2}=\frac{A}{x}+\frac{B}{(x+1)}+\frac{C}{(x+1)^2}$로 분해될 수 있다.

$1=A(x+1)^2+Bx(x+1)+Dx$이므로

$A+B=0$, $2A+B+C=0$, $A=1$을 만족해야 한다.

그래서 $A=1$, $B=-1$, $C=-1$을 얻게 된다.

$$I=\int \frac{1}{x}dx-\int \frac{1}{x+1}dx-\int \frac{1}{(x+1)^2}dx$$

$$=\ln|x|-\ln|x+1|+\frac{1}{x+1}+c$$

(마) $\int \frac{1}{x(x-3)(x+1)}dx=I$라고 놓겠다.

$\frac{1}{x(x-3)(x+1)}=\frac{A}{x}+\frac{B}{x-3}+\frac{C}{x+1}$로 분해된다.

$1=A(x-3)(x+1)+B(x+1)x+Cx(x-3)$

$A+B+C=0$, $-2A+B-3C=0$, $-3A=1$

그래서 $A=-\frac{1}{3}$, $B=\frac{1}{12}$, $C=\frac{1}{4}$이 된다.

$$I=-\frac{1}{3}\int \frac{1}{x}dx+\frac{1}{12}\int \frac{1}{x-3}dx+\frac{1}{4}\int \frac{1}{x+1}dx$$

$$=-\frac{1}{3}\ln|x|+\frac{1}{12}\ln|x-3|+\frac{1}{4}\ln|x+1|+c$$

(사) $\int \frac{1}{x(x^2+1)}dx=I$라고 놓겠다.

$\frac{1}{x(x^2+1)}=\frac{A}{x}+\frac{Bx+C}{x^2+1}$로 분해되므로 오른쪽 항을 통분하여 분자의 계수를 비교해보자.

$1=A(x^2+1)+x(Bx+C)$

$A+B=0$, $C=0$, $A=1$이므로 $B=-1$을 얻는다.

$$I=\int \frac{1}{x}dx+\int \frac{-x}{x^2+1}dx$$

오른쪽 항의 두 번째 항을 계산하기 위해 $t=x^2+1$로 치환하자.

$\frac{1}{2}dt=xdx$이므로

$$\int \frac{x}{x^2+1}dx = \frac{1}{2}\int \frac{1}{t}dt$$

$\frac{1}{2}\ln(x^2+1)+c$이다.

그러므로

$I=\ln|x|-\frac{1}{2}\ln(x^2+1)+c$가 된다.

4. (가) $\int x^3\sqrt{3x-2}\,dx = I$라고 놓겠다.

$t=\sqrt{3x-2}$로 치환하면 $dt=\frac{3}{2\sqrt{3x-2}}dx$이므로 $\frac{2t}{3}dt=dx$가 된다.

그리고 $x=\frac{t^2+2}{3}$이므로 $x^3=\frac{(t^2+2)^3}{27}$이 될 것이다.

그래서

$$I=\int \frac{(t^2+2)^3}{27}t\frac{2}{3}tdt$$

$$=\frac{2}{81}\int t^2(t^2+2)^3dt$$

$$=\frac{2}{81}\int (t^8+6t^6+12t^4+8t^2)dt$$

$$=\frac{2}{81}\left\{\frac{1}{9}\sqrt{3x-2}^{\,9}+\frac{6}{7}\sqrt{3x-2}^{\,7}+\frac{12}{5}\sqrt{3x-2}^{\,5}+\frac{8}{3}\sqrt{3x-2}^{\,3}\right\}+c$$

(다) $\int \frac{\sqrt{x}}{1+\sqrt{x}}dx = I$라고 놓겠다.

$t=1+\sqrt{x}$로 치환하면 $dt=\frac{1}{2\sqrt{x}}dx$이므로

$dx=2(t-1)dt$가 된다. 그래서

$$I=\int \frac{t-1}{5}2(t-1)dt$$

$$=2\int\left(t-2+\frac{1}{t}\right)dt$$

$$=2\left\{\frac{1}{2}t^2-2t+\ln|t|\right\}+c$$

$$=(1+\sqrt{x})^2-4(1+\sqrt{x})+2\ln(1+\sqrt{x})+c$$

(마) $\int \frac{e^x}{\sqrt{e^x-1}}dx = I$라고 놓겠다.

$t=\sqrt{e^x-1}$로 치환하면 $dt=\frac{1}{2\sqrt{e^x-1}}dx$이므로

$dx=2tdt$가 된다. 그리고 $e^x=t^2+1$이 되어

$$I=\int \frac{t^2+1}{t}2tdt$$
$$=2\int (t^2+1)dt$$
$$=\frac{2}{3}t^3+2t+c$$
$$=\frac{2}{3}\sqrt{e^x-1}^3+2\sqrt{e^x-1}+c$$

9장 연습문제 풀이

1. (가) $y=x^2+2x$, x축, $[-1, 3]$

$$A=\int_{-1}^{0}(x^2+2x)dx+\int_{0}^{2}(-x^2-2x)dx+\int_{2}^{3}(x^2+2x)dx$$
$$=\left[\frac{1}{3}x^3+x^2\right]_{-1}^{0}-\left[\frac{1}{3}x^3+x^2\right]_{0}^{2}+\left[\frac{1}{3}x^3+x^2\right]_{2}^{3}$$
$$=-\left\{\left(-\frac{1}{3}+1\right)-\left(\frac{8}{3}+4\right)\right\}+\left\{\left(\frac{27}{3}+9\right)-\left(\frac{8}{3}+4\right)\right\}$$
$$=4$$

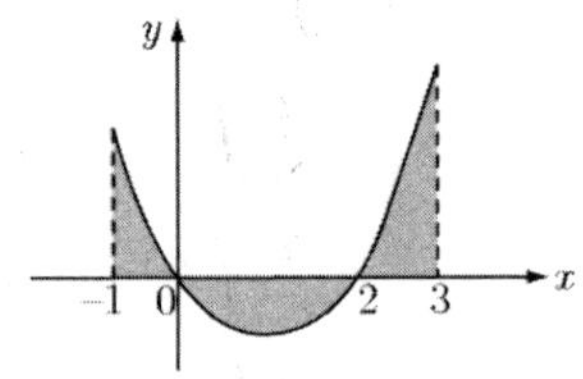

(다) $y=\frac{\ln x}{x}$, x축, $\left[\frac{1}{2}, 2\right]$

$$A=-\int_{\frac{1}{2}}^{1}\frac{\ln x}{x}dx+\int_{1}^{2}\frac{\ln x}{x}dx$$

$t=\ln x$라 놓으면 $dt=\frac{1}{x}dx$, $x=\frac{1}{2}$일 때

$t=-\ln 2$이고 $x=1$일 때 $t=0$이다.

그리고 $x=1$일 때 $t=0$이고 $x=2$일 때 $t=\ln^2$이다.

$$A=-\int_{-\ln 2}^{0}tdt+\int_{0}^{\ln 2}tdt$$
$$=\int_{0}^{-\ln 2}tdt+\int_{0}^{\ln 2}tdt$$
$$=\frac{1}{2}[t^2]_0^{-\ln 2}+\frac{1}{2}[t^2]_0^{\ln 2}$$
$$=\frac{1}{2}(-\ln 2)^2+\frac{1}{2}(\ln 2)^2$$
$$=(\ln 2)^2$$

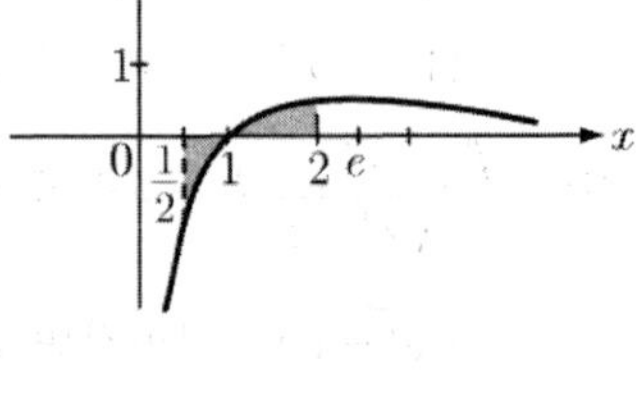

위 함수의 그래프를 대략적으로 그려보면 다음과 같다.

(마) $x=y^2-1$, y축

$$A=2\int_0^1(1-y^2)dy$$
$$=2\left[y-\frac{1}{3}y^3\right]_0^1$$
$$=2\left(1-\frac{1}{3}\right)$$
$$=\frac{4}{3}$$

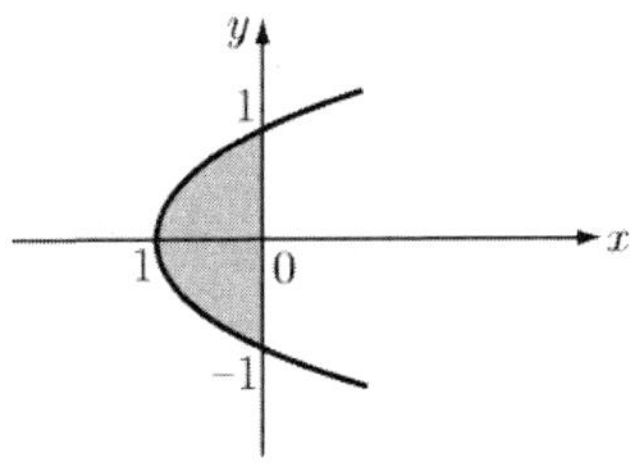

2. (가) $y=x^2$, $y=x$

$$A=\int_0^1(x-x^2)dx$$
$$=\left[\frac{1}{2}x^2-\frac{1}{3}x^3\right]_0^1$$
$$=\frac{1}{2}-\frac{1}{3}$$
$$=\frac{1}{6}$$

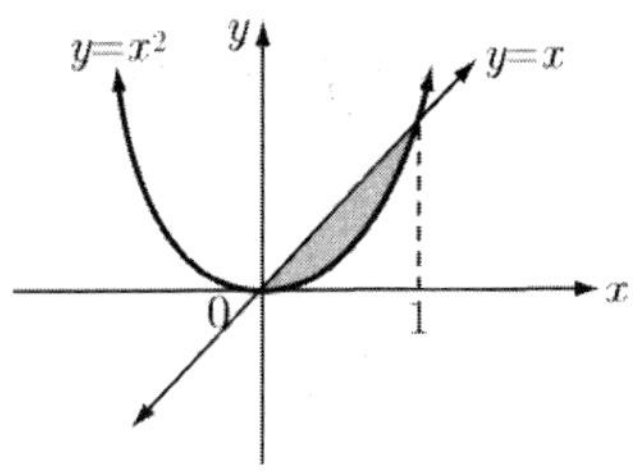

(다) $y=5x-x^2$, $y=x$

두 곡선의 교점은 $5x-x^2=x$를 만족하는 해이므로,

$x^2-4x=0$, $x(x-4)=0$

그래서 $x=0$, 4에서 두 곡선이 만난다.

$$A=\int_0^4(5x-x^2-x)dx$$
$$=\int_0^4(4x-x^2)dx$$
$$=\left[2x^2-\frac{1}{3}x^3\right]_0^4$$
$$=32-\frac{64}{3}$$
$$=\frac{32}{3}$$

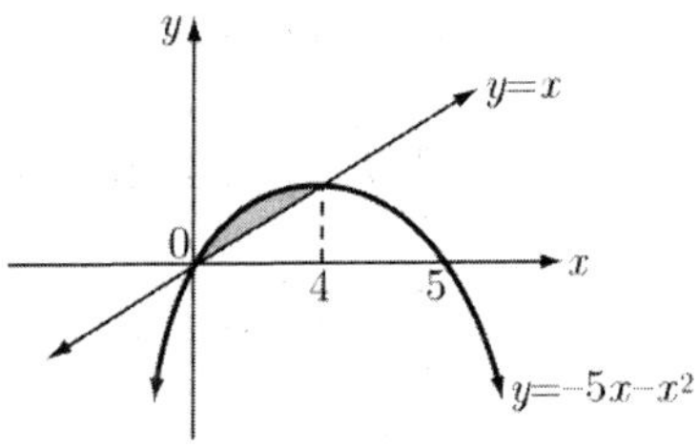

(마) $x=2y^2$, $x=1-y$ (또는 $y=1-x$)

$$A=\int_{-1}^{\frac{1}{2}}\{(1-y)-(2y^2)\}dy$$
$$=\int_{-1}^{\frac{1}{2}}(1-y-2y^2)dy$$

$$= \left[y - \frac{1}{2}y^2 - \frac{2}{3}y^3\right]_{-1}^{\frac{1}{2}}$$

$$= \left(\frac{1}{2} - \frac{1}{8} - \frac{1}{12}\right) - \left(-1 - \frac{1}{2} + \frac{2}{3}\right)$$

$$= 2 + \frac{-3-2-16}{24}$$

$$= \frac{9}{8}$$

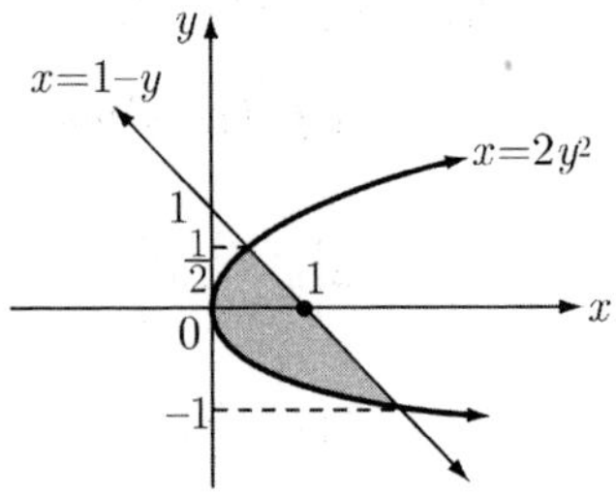

3. (가) $y = \frac{1}{2}x^2$, $[1,\ 2]$, x축

$$V = \pi \int_1^2 \left(\frac{1}{2}x^2\right)^2 dx$$

$$= \frac{\pi}{4} \int_1^2 x^4 dx$$

$$= \frac{\pi}{4}\frac{1}{5}\left[x^5\right]_1^2$$

$$= \frac{\pi}{20}(32-1)$$

$$= \frac{31\pi}{20}$$

(다) $y = \sin x$, $[0,\ \pi]$, x축

$$V = \pi \int_0^{\pi} \sin^2 x dx$$

$$= \frac{\pi}{2} \int_0^{\pi} \{1 - \cos(2x)\} dx$$

$$= \frac{\pi}{2}\left[x - \frac{1}{2}\sin(2x)\right]_0^{\pi}$$

$$= \frac{\pi}{2}\left\{\left(\pi - \frac{1}{2}\sin 2\pi\right) - \left(0 - \frac{1}{2}\sin 0\right)\right\}$$

$$= \frac{\pi^2}{2}$$

(마) $x = e^y$, $[1,\ 2]$ y축

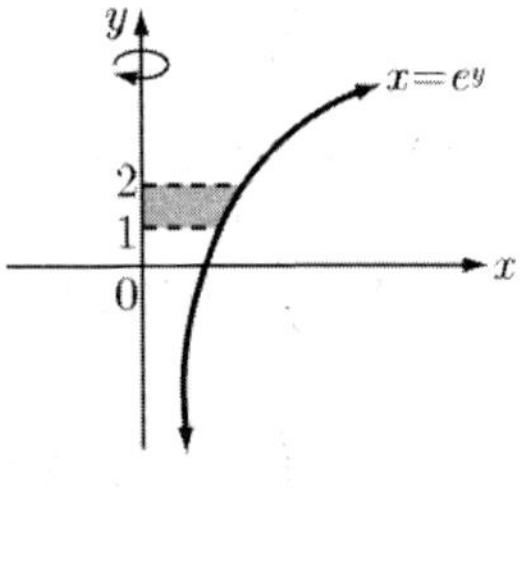

$$V = \pi \int_1^2 e^{2y} dy$$

$$= \frac{\pi}{2}\left[e^{2y}\right]_1^2$$

$$= \frac{\pi}{2}(e^4 - e^2)$$

(사) $y = x$, $y = \sqrt{x}$, y축

$$V=\pi\int_0^1 (y^2-y^4)dy$$
$$=\pi\left[\frac{1}{3}y^3-\frac{1}{5}y^5\right]_0^1$$
$$=\pi\left(\frac{1}{3}-\frac{1}{5}\right)$$
$$=\frac{2\pi}{15}$$

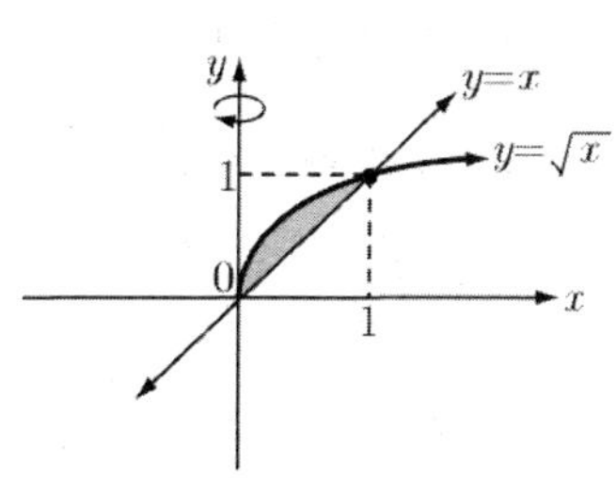

(자) $\frac{x^2}{9}+\frac{y^2}{4}=1$, x축

$$V=2\pi\int_0^3 y^2dx$$
$$=2\pi\int_0^3\left(4-\frac{4}{9}x^2\right)dx$$
$$=2\pi\left[4x-\frac{4}{27}x^3\right]_0^3$$
$$=2\pi(12-4)$$
$$=16\pi$$

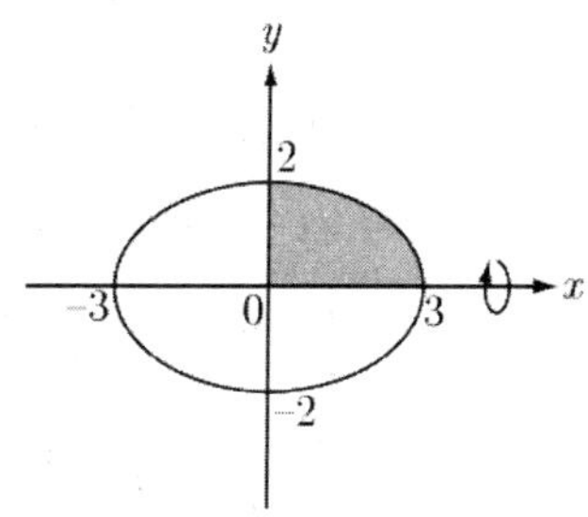

4. (가) $y=1+6x^{\frac{3}{2}}$, $[0,\ 1]$

$y'=9x^{\frac{1}{2}}$ 이며 $(y')^2=81x$ 이므로

$$L=\int_0^1\sqrt{1+81x}\,dx$$

$t=1+81x$로 치환하면 $\frac{dt}{81}=dx$이고,

$x=0$일 때 $t=1$이며, $x=1$일 때 $t=82$이므로

$$L=\frac{1}{81}\int_1^{82}\sqrt{t}\,dt$$
$$=\frac{1}{81}\frac{2}{3}\left[t^{\frac{3}{2}}\right]_1^{82}$$
$$=\frac{2}{243}\left(82^{\frac{3}{2}}-1\right)$$

(다) $y=e^x$, $[1,\ 3]$

$y'=e^x$, $(y')^2=e^{2x}$ 이므로 $L=\int_1^3\sqrt{1+e^{2x}}\,dx$

$t=\sqrt{1+e^{2x}}$ 로 치환하면 $dt=\frac{e^{2x}}{\sqrt{1+e^{2x}}}dx$ 이므로

$dx = \frac{5}{t^2-1}dt$가 된다.

$x=1$일 때 $t=\sqrt{1+e^2}$이며 $x=3$일 때 $t=\sqrt{1+e^6}$이 된다. 그래서

$$L=\int_{\sqrt{1+e^2}}^{\sqrt{1+e^6}} t\frac{t}{t^2-1}dt$$

$$=\int_{\sqrt{1+e^2}}^{\sqrt{1+e^6}} \frac{(t^2-1)+1}{t^2-1}dt$$

$$=\int_{\sqrt{1+e^2}}^{\sqrt{1+e^6}} \left(1+\frac{1}{t^2-1}\right)dt$$

여기서 $\frac{1}{t^2-1}=\frac{A}{t-1}+\frac{B}{t+1}$로 분해되어

$1=A(t+1)+B(t-1)$을 만족하는 A, B를 찾으면

$A=\frac{1}{2}$, $B=-\frac{1}{2}$을 얻게 된다. 그래서

$$\int_{\sqrt{1+e^2}}^{\sqrt{1+e^6}} \frac{1}{t^2-1}dt=\frac{1}{2}\int_{\sqrt{1+e^2}}^{\sqrt{1+e^6}} \frac{1}{t-1}dt-\frac{1}{2}\int_{\sqrt{1+e^2}}^{\sqrt{1+e^6}} \frac{1}{t+1}dt$$

$$=\frac{1}{2}[\ln|t-1|]_{\sqrt{1+e^2}}^{\sqrt{1+e^6}}-\frac{1}{2}[\ln|t+1|]_{\sqrt{1+e^2}}^{\sqrt{1+e^6}}$$

$$=\frac{1}{2}\left(\ln(\sqrt{1+e^6}-1)-\ln(\sqrt{1+e^2}-1)\right)-\frac{1}{2}\left(\ln(\sqrt{1+e^6}+1)-\ln(\sqrt{1+e^2}+1)\right)$$

그러므로

$$L=(\sqrt{1+e^6}-\sqrt{1+e^2})+\frac{1}{2}$$

$$\left\{\ln\sqrt{1+e^6}-1)-\ln(\sqrt{1+e^2}-1)-\ln(\sqrt{1+e^6}+1)+\ln(\sqrt{1+e^2}+1)\right\}$$

(마) $x=y^{\frac{2}{3}}$, $x\in[0,\ 4]$

$y=x^{\frac{3}{2}}$이므로 $y'=\frac{3}{2}x^{\frac{1}{2}}$이 된다.

$$L=\int_0^4 \sqrt{1+\frac{9}{4}x}\,dx$$

$t=1+\frac{9}{4}x$로 치환하면 $\frac{4}{9}dt=dx$가 된다.

$x=0$일 때 $t=1$이며 $x=4$일 때 $t=10$이 된다.

그래서

$$L=\frac{4}{9}\int_1^{10} \sqrt{t}\,dt$$

$$=\frac{4}{9}\frac{2}{3}\left[t^{\frac{3}{2}}\right]_1^{10}$$

$$=\frac{8}{27}\left(10^{\frac{3}{2}}-1\right)$$

(사) $x=\frac{\sqrt{y}}{3}(y-3)$, $y\in[1,\ 9]$

$x'=\frac{1}{2}y^{\frac{1}{2}}-\frac{1}{2}y^{-\frac{1}{2}}$이며 $(x')^2=\frac{1}{4}y-\frac{1}{2}+\frac{1}{4}y^{-1}$이다.

$$L=\int_1^9\sqrt{1+\left(\frac{1}{4}y-\frac{1}{2}+\frac{1}{4}y^{-1}\right)}\,dy$$

$$=\int_1^9\sqrt{\left(\frac{1}{2}y^{\frac{1}{2}}+\frac{1}{2}y^{-\frac{1}{2}}\right)^2}\,dy$$

$$=\frac{1}{2}\int_1^9\left(y^{\frac{1}{2}}+y^{-\frac{1}{2}}\right)dy$$

$$=\frac{1}{2}\,\frac{2}{3}\left[y^{\frac{3}{2}}\right]_1^9+\frac{1}{2}\,2\left[y^{\frac{1}{2}}\right]_1^9$$

$$=\frac{1}{3}\left(9^{\frac{3}{2}}-1\right)+\left(9^{\frac{1}{2}}-1\right)$$

$$=\frac{32}{3}$$

(자) $y=\frac{1}{3}x^3+x-\frac{1}{4}\tan^{-1}x$, $[0,\ 1]$

$y'=(x^2+1)-\frac{1}{4(1+x^2)}$이고 $(y')^2=(x^2+1)^2-2+\left(\frac{1}{4(x^2+1)}\right)^2$

$$1+(y')^2=(x^2+1)^2-1+\left(\frac{1}{4(x^2+1)}\right)^2$$

$$=\left\{(x^2+1)-\frac{1}{2(x^2+1)}\right\}^2$$

따라서

$$L=\int_0^1\sqrt{\left\{(x^2+1)-\frac{1}{2(x^2+1)}\right\}^2}\,dx$$

$$=\int_0^1\left\{x^2+1-\frac{1}{2(x^2+1)}\right\}dx$$

$$=\int_0^1(x^2+1)\,dx-\frac{1}{2}\int_0^1\frac{1}{x^2+1}\,dx$$

여기서

$$\int_0^1\frac{1}{x^2+1}\,dx=[\tan^{-1}x]_0^1$$

$$=\tan^{-1}1-\tan^{-1}0$$

$$= \frac{\pi}{4}$$

또한

$$\int_0^1 (x^2+1)dx = \left[\frac{1}{3}x^3 + x\right]_0^1$$

$$= \frac{4}{3} \text{ 이므로}$$

$$L = \frac{4}{3} - \frac{1}{2}\left(\frac{\pi}{4}\right)$$

$$= \frac{4}{3} - \frac{\pi}{8}$$

10장 연습문제 풀이

1. (가) $\lim_{(x,y)\to(1,2)} (xy^2 - y^2 + 3x^2y^2 - 2xy^3) = 1^2 \cdot 2^2 - 2^2 + 3 \cdot 1^2 \cdot 2^2 - 2 \cdot 1 \cdot 2^3$

$$= 4 - 4 + 12 - 16$$

$$= -4$$

(다) $\lim_{(x,y)\to(1,1)} \frac{x-y}{x^2-y^2} = \lim_{(x,y)\to(1,1)} \frac{(x-y)}{(x-y)(x+y)}$

$$= \lim_{(x,y)\to(1,1)} \frac{1}{x+y}$$

$$= \frac{1}{2}$$

(마) $\lim_{(x,y)\to(1,-1)} \frac{2x+2y}{x^2+xy} = \lim_{(x,y)\to(1,-1)} \frac{2(x+y)}{x(x+y)}$

$$= \lim_{(x,y)\to(1,-1)} \frac{2}{x}$$

$$= 2$$

2. (가) $f(x,\ y) = 2x^3 - x^2y - xy^2 + 3y^3$

$f_x = 6x^2 - 2xy - y^2,\ f_y = -x^2 - 2xy + 9y^2$

(다) $f(x,\ y,\ z) = \cos(4y - xz)$

$f_x = -\sin(4y - xz)(-z) = z\sin(4y - xz),$

$f_y = -\sin(4y - xz)4 = -4\sin(4y - xz),$

$$f_z = -\sin(4y - xz)(-x) = x\sin(4y - xz).$$

(마) $z = \dfrac{xy}{x+y}$

$$z_x = \frac{6(x+y) - xy(1)}{(x+y)^2} = \frac{y^2}{(x+y)^2},$$

$$z_y = \frac{x(x+y) - xy(1)}{(x+y)^2} = \frac{x^2}{(x+y)^2}$$

(사) $w = x\sin y \ln z$

$$w_x = \sin y \ln z,$$

$$w_y = x\cos y \ln z,$$

$$w_z = \frac{x\sin y}{z}$$

3. (가) $z = \sqrt{x^2+y^2}$, (1, 2), $f(x, y) = \sqrt{x^2+y^2}$ 이므로

$$f_x(1, 2) = \lim_{n\to 0}\frac{f(1+h, 2) - f(1, 2)}{h}$$

$$= \lim_{n\to 0}\frac{1}{h}\{\sqrt{(1+h)^2+4} - \sqrt{5}\}$$

$$= \lim_{n\to 0}\frac{h^2+2h+5-5}{h(\sqrt{h^2+2h+5}+\sqrt{5})}$$

$$= \lim_{n\to 0}\frac{h+2}{\sqrt{h^2+2h+5}+\sqrt{5}}$$

$$= \frac{2}{2\sqrt{5}},$$

$$f_y(1, 2) = \lim_{k\to 0}\frac{f(1, 2+k) - f(1, 2)}{k}$$

$$= \lim_{k\to 0}\frac{1}{k}(\sqrt{1+(2+k)^2} - \sqrt{5})$$

$$= \lim_{k\to 0}\frac{k^2+4k+5-5}{k(\sqrt{5+4k+k^2}+\sqrt{5})}$$

$$= \lim_{k\to 0}\frac{k(k+4)}{k(\sqrt{5+4k+k^2}+\sqrt{5})}$$

$$= \lim_{k\to 0}\frac{k+4}{\sqrt{5+4k+k^2}+\sqrt{5}}$$

$$= \frac{4}{2\sqrt{5}}$$

(다) $u=\dfrac{2xy}{x^2-y^2}$, $(2,\ 1)$

$$u_x=\frac{2y(x^2-y^2)-2xy(2x)}{(x^2-y^2)^2}$$

$$=\frac{-2x^2y-2y^3}{(x^2-y^2)^2},$$

$$u_x(2,\ 1)=\frac{-2(4)1-2(1^3)}{(4-1)^2}$$

$$=\frac{-10}{9}$$

$$u_y=\frac{2x(x^2-y^2)-2xy(-2y)}{(x^2-y^2)^2}$$

$$=\frac{2x^3+2xy^2}{(x^2-y^2)^2},$$

$$u_y(2,\ 1)=\frac{2(2^3)+2(2)(1^2)}{(2^2-1^2)^2}$$

$$=\frac{20}{9}$$

4. (가) $f(x,\ y)=\sin(x^2y)$

$f_x=2xy\cos(x^2y)$, $f_y=x^2\cos(x^2y)$이므로

$f_{xx}=2y\cos(x^2y)-4x^2y^2\sin(x^2y)$,

$f_{xy}=2x\cos(x^2y)-2x^3y\sin(x^2y)$,

$f_{yy}=-x^4\sin(x^2y)$,

$f_{yx}=2x\cos(x^2y)-2x^3y\sin(x^2y)$

(다) $z=\dfrac{x}{\sqrt{x^2+y^2}}$

$$z_x=\frac{\sqrt{x^2+y^2}-x\dfrac{2x}{2\sqrt{x^2+y^2}}}{(\sqrt{x^2+y^2})^2}$$

$$=\frac{\sqrt{x^2-y^2}-\dfrac{x^2}{\sqrt{x^2+y^2}}}{x^2+y^2}$$

$$=\frac{y^2}{(x^2+y^2)^{\frac{3}{2}}},$$

$$z_y = \frac{-x\dfrac{2y}{2\sqrt{x^2+y^2}}}{(\sqrt{x^2+y^2})^2} = -\frac{xy}{(x^2+y^2)^{\frac{3}{2}}}$$ 이므로

$$z_{xx} = \frac{-y^2\dfrac{3}{2}(x^2+y^2)^{\frac{1}{2}}2x}{(x^2+y^2)^3} = \frac{-3xy^2}{(x^2+y^2)^{\frac{5}{2}}},$$

$$z_{xy} = \frac{2y(x^2+y^2)^{\frac{3}{2}} - y^2\dfrac{3}{2}(x^2+y^2)^{\frac{1}{2}}2y}{(x^2+y^2)^3}$$

$$= \frac{2y(x^2+y^2)^{\frac{3}{2}} - 3y^3(x^2+y^2)^{\frac{1}{2}}}{(x^2+y^2)^3}$$

$$= \frac{2y(x^2+y^2) - 3y^3}{(x^2+y^2)^{\frac{5}{2}}}$$

$$= \frac{2x^2y - y^3}{(x^2+y^2)^{\frac{5}{2}}},$$

$$z_{yy} = \frac{-x(x^2+y^2)^{\frac{3}{2}} + (xy)\dfrac{3}{2}(x^2+y^2)^{\frac{1}{2}}(2y)}{(x^2+y^2)^3}$$

$$= \frac{-x(x^2+y^2) + 3xy^2}{(x^2+y^2)^{\frac{5}{2}}}$$

$$= \frac{-x^3 + 2xy^2}{(x^2+y^2)^{\frac{5}{2}}},$$

$$z_{yx} = \frac{-y(x^2+y^2)^{\frac{3}{2}} + (xy)\dfrac{3}{2}(x^2+y^2)^{\frac{1}{2}}(2x)}{(x^2+y^2)^3}$$

$$= \frac{-y(x^2+y^2) + 3x^2y}{(x^2+y^2)^{\frac{5}{2}}}$$

$$= \frac{2x^2y - y^3}{(x^2+y^2)^{\frac{5}{2}}}$$

(마) $f(x,\ y) = x^y$,

$f_x = yx^{y-1}$, $f_y = x^y \ln x$,

$f_{xx} = y(y-1)x^{y-2}$, $f_{xy} = x^{y-1} + yx^{y-1}\ln x$

$f_{yy} = (\ln x)^2 x^y$, $f_{yx} = yx^{y-1}\ln x + x^{y-1}$

(사) $u=x^{\frac{y}{z}}$

$$u_x=\frac{y}{z}x^{\frac{y}{z}-1},\ u_y=\frac{1}{z}x^{\frac{y}{z}}\ln x,\ u_z=-x^{\frac{y}{z}}\ln x\, yz^{-2},$$

$$u_{xx}=\frac{y}{z}\left(\frac{y}{z}-1\right)x^{\frac{y}{z}-2},\ u_{xy}=\frac{1}{z}x^{\frac{y}{z}-1}+\frac{y}{z^2}x^{\frac{y}{z}-1}\ln x,$$

$$u_{xz}=-yz^{-2}x^{\frac{y}{z}-1}+\frac{y}{z}x^{\frac{y}{z}-1}\ln x(-1)$$

$$=\frac{-y}{z^2}x^{\frac{y}{z}-1}-\frac{y}{z}\ln x\, x^{\frac{y}{z}-1},$$

$$u_{yy}=x^{\frac{y}{z}}(\ln x)^2,\ u_{yx}=\frac{y}{z^2}x^{\frac{y}{z}-1}\ln x+x^{\frac{y}{z}-1}\frac{1}{z},$$

$$u_{yz}=-\frac{1}{z^2}x^{\frac{y}{z}}\ln x+\frac{1}{z}(\ln x)^2x^{\frac{y}{z}}(-yz^{-2})$$

$$=-\frac{1}{z^2}x^{\frac{y}{z}}\ln x-\frac{y}{z^3}(\ln x)^2x^{\frac{y}{z}},$$

$$u_{zx}=\left(-\frac{y}{z}x^{\frac{y}{z}-1}\ln x-x^{\frac{y}{z}-1}\right)yz^{-2}=-\frac{y^2}{z^3}x^{\frac{y}{z}-1}\ln x-\frac{y}{z^2}x^{\frac{y}{z}-1},$$

$$u_{zy}=-\frac{1}{z}x^{\frac{y}{z}}(\ln x)^2\frac{y}{z^2}-\ln x\, x^{\frac{y}{z}}\frac{1}{z^2}$$

$$=-\frac{y}{z^3}x^{\frac{y}{z}}(\ln x)^2-\frac{1}{z^2}\ln x\, x^{\frac{y}{z}},$$

$$u_{zz}=\ln x(x^{\frac{y}{z}}\ln xyz^{-2}yz^{-2}+2x^{\frac{y}{z}}yz^{-3})$$

$$=\frac{y^2}{z^4}(\ln x)^2x^{\frac{y}{z}}+\frac{2y}{z^3}\ln x\, x^{\frac{y}{z}}$$

5. (가) $f(x,\ y)=\sqrt{x^2-y^2},\ f_y(2,\ 1)$

$$f_y=\frac{-2y}{2\sqrt{x^2-y^2}}$$

$$=\frac{-y}{\sqrt{x^2-y^2}},$$

$$f_y(2,\ 1)=\frac{-1}{\sqrt{2^2-1^2}}$$

$$=\frac{-1}{\sqrt{3}}$$

(다) $f(x,\ y,\ z)=\dfrac{y}{x+z}$, $f_z(1,\ 1,\ 2)$

$f_z(x,\ y,\ z)=-y(x+z)^{-2}$,

$f_2(1,\ 1,\ 2)=-1(1+2)^{-2}=\dfrac{-1}{9}$

6. (가) $z=\sin(\pi t)\cos(\sqrt{t})$

$z=\sin x\cos y$, $x=\pi t$, $y=\sqrt{t}$ 라고 놓으면

$$\frac{dz}{dt}=\frac{\partial z}{\partial x}\frac{dx}{dt}+\frac{\partial z}{\partial y}\frac{dy}{dt}$$

$$=(\cos x\cos y)\pi+(-\sin x\sin y)\frac{1}{2\sqrt{t}}$$

$$=\pi\cos(\pi t)\cos(\sqrt{t})-\frac{1}{2\sqrt{t}}\sin(\pi t)\sin(\sqrt{t})$$

(다) $w=xy^2z$, $x=t^3$, $y=t-1$, $z=\dfrac{1}{t}$

$$\frac{dw}{dt}=\frac{\partial w}{\partial x}\frac{dx}{dt}+\frac{\partial w}{\partial y}\frac{dy}{dt}+\frac{\partial w}{\partial z}\frac{dz}{dt}$$

$$=y^2z(3t^2)+(2xyz)(1)+(xy^2)(-t^{-2})$$

$$=\frac{(t-1)^2}{t}(et^2)+2t^3(t-1)\frac{1}{t}+t^3(t-1)^2(-t^{-2})$$

$$=3t(t-1)^2+2t^2(t-1)-t(t-1)^2$$

$$=4t^3-6t^2+2t$$

(마) $z=x^2-2xy-3y^2$, $x=st$, $y=se^t$

$$\frac{\partial z}{\partial s}=\frac{\partial z}{\partial x}\frac{\partial x}{\partial s}+\frac{\partial z}{\partial y}\frac{\partial y}{\partial s}$$

$$=(2x-2y)t+(-2x-6y)e^t$$

$$=2(st-se^5)t-2ste^t-6se^{2t}$$

$$=2st^2-4ste^t-6se^{2t},$$

$$\frac{\partial z}{\partial t}=\frac{\partial z}{\partial x}\frac{\partial x}{\partial t}+\frac{\partial z}{\partial y}\frac{\partial y}{\partial t}$$

$$=2(x-y)s+(-2x-6y)se^t$$

$$=2(st-se^t)s-2s^2te^t-6s^2e^{2t}$$

$$=2s^2t-2s^2e^t-2s^2te^t-6s^2e^{2t}$$

찾아보기

저자소개

김 동 건

한국과학기술원 수학과 박사

현재 청운대학교 경영학과 교수

〔저서〕

대학수학, 경영수학, 통계학,

논리학의 이해, 조사방법론 등

미분적분학

2012년 8월 25일 초판 인쇄
2012년 9월 5일 초판 발행

저 자 / 김동건
발행자 / 오판근
발행처 / 교우사

주 소 / 서울 동대문구 제기2동 148-19 교우빌딩 2층
전 화 / 925-2861~2, 편집부 / 925-2825
팩 스 / 925-2860

E-mail / kyowoo@kyowoo.co.kr
http://www.kyowoo.co.kr

등록 / 1994. 3. 24 제6-0256호

ISBN 978-89-8172-927-1 (93410)

값 15,000 원